U0927008

无明

一念无明，无始无明

杨安·著

中国财富出版社

图书在版编目（CIP）数据

无明 / 杨安著. —北京：中国财富出版社，2014.11
ISBN 978-7-5047-5431-8

Ⅰ.①无… Ⅱ.①杨… Ⅲ.①人生哲学—通俗读物 Ⅳ.①B821-49

中国版本图书馆 CIP 数据核字（2014）第 245006 号

策划编辑 范虹轶　　**责任印制** 方朋远
责任编辑 邢有涛　单元花　　**责任校对** 杨小静

出版发行 中国财富出版社
社　　址 北京市丰台区南四环西路 188 号 5 区 20 楼　　**邮政编码** 100070
电　　话 010-52227568（发行部）　010-52227588 转 307（总编室）
010-68589540（读者服务部）　010-52227588 转 305（质检部）
网　　址 http://www.cfpress.com.cn
经　　销 新华书店
印　　刷 北京京都六环印刷厂
书　　号 ISBN 978-7-5047-5431-8/B·0411
开　　本 710mm×1000mm　1/16　　**版　　次** 2014 年 11 月第 1 版
印　　张 15.25　　**印　　次** 2014 年 11 月第 1 次印刷
字　　数 234 千字　　**定　　价** 32.00 元

前　言

造成人的烦恼与痛苦的原因是什么？这是大家都非常关心的话题。能解答这个问题的人，就能真正拥有幸福和快乐的人生。

对此问题，每个人心中的答案各不相同：有人会因身体病弱，长年缠绵病榻而烦恼与痛苦；有人会因衣食无着，终日操劳不休烦恼与痛苦；有人会因年龄渐长，依旧孑然一身而烦恼与痛苦；有人会因感情受挫，无法排遣孤独而烦恼与痛苦；有人会因希望当官，但升职无望而烦恼与痛苦；有人会因生意清淡，不能赚钱发财而烦恼与痛苦……由于人的认知不同，处境不同，追求不同，对于烦恼与痛苦的认识也不尽相同。

但是这些，真的是烦恼与痛苦产生的根源吗？若是一个人因为衣食无着而烦恼与痛苦，　旦吃饱穿暖就能获得永远的幸福吗？若是一个人因为身体欠佳而烦恼与痛苦，一旦恢复健康就能获得真正的幸福吗？若是一个人因为单身而烦恼与痛苦，一旦结婚成家就能获得圆满的幸福吗？若是一个人因为地位低下而痛苦，一旦官运亨通就能获得恒久的幸福吗？

如果我们的烦恼与痛苦通过这些就可以得到解决，那么，世界上就不会有那么多人沉溺在烦恼与痛苦之中了。因此以上人们认为的这些原因，只是烦恼与痛苦带来的现象，不是烦恼与痛苦产生的根源。一切人生烦恼与痛苦的根源全部在于无明。

无明就是不明白世界的真相，执幻为实、认假成真，将世间虚幻无常的一切事物视为恒常的独立存在，故而产生诸多执着，又因执着而生起各种欲望，再因欲望而诞生了诸多烦恼。所以，无明才是烦恼与痛苦之根本。

无明并非自发地生成，它是我们自己创造的东西。每当我们相信事物

的表象，认为它们是自性存在而非只是表象时，我们便产生了无明；每当我们对表象信以为真时，我们就产生了无明。它是一切愚痴的根源：包括无知、嗔怒、执着、疑惑和邪见。因为无明，我们不能够知道真实的智慧，不能够了解真实的世界是什么样子。它没有智慧，它愚昧，它造成人生的失败，它是所有问题的根本。

无明，限制了人的潜能发挥；无明，使人丧失发展的良机；无明，使人失道寡助；无明，使人希望破灭；无明，使人横生肆虐欲望；无明，使人受到功名利禄的羁绊；无明，消耗人的精力，侵蚀人的心智，使人在消极的境遇中越陷越深；无明，使人被身心疾病缠绕，被苦痛烦闷束缚，使人生在悲剧与失败中无奈地落幕。

因此，无论从健康快乐的角度，还是从成就事业的角度，抑或从人生幸福的角度来说，我们都要破除无明，才能使巨大的潜能得到开发；才能化危机为良机，化失意为得意；才能得道者多助，实现理想；才能开悟内心，解放内心，静享内心的蓬勃与丰富，修炼出不平凡的自我，成就幸福、成功、快乐、和谐的人生。

如何才能破除无明？

本书分别从无明的内容、危害、产生原因、破除方法等各方面进行了系统的阐述。同时，辅以小秘籍，帮助人深刻地认识无明问题的本源，使人在践行时能行之有效地破除无明，从而轻松、怡然、快乐地改善局面。

无论你是否进入了工作、生活的“瓶颈”，需要上升到更高平台；是否正在浑噩的生活中，找不到人生的意义和价值；或者面临两难的抉择，不知如何取舍；或者在春风得意中，需要保持积极状态的稳定，本书都能给你启发。只要你能将书中内容贯彻始终，相信你的烦恼与痛苦一定会自消，幸福与快乐自来，心灵朗照万物，如实感知世界上的一切，而美好也会贯穿你的生命时空，照亮你的整个人生，所有的纷扰都将无法动摇你的幸福、祥和、坦然与自在。

作　者

2014 年 6 月

目 录

无明是烦恼与痛苦之根源，无明使思想总是在一念之中制造出判断偏差，使人们的情绪认知和体验进入误区，使行动与目标背道相驰，使事情的结果与愿望适得其反。只有放下我执，打破无明，才能使生命恢复清净无染的本来面目，拥有真实的幸福与快乐。

一切表象皆幻相，它的最大特征就是变化。无论是耳听也好，眼见也罢，都还止于表象，没能透彻地洞察明了世界的本质。只有用一颗不执着于物、不被世事所牵动的无我之心，我们才能从假象中、烦恼中解脱出来，真正享受到超然自在的快乐人生。

任何事物都不是多多益善，要懂得适可而止。贪欲只会不停地诱惑着人们追求物欲的最高享受。然而过度地追逐利益往往会使人迷失生活的方向，使人陷入巨大的痛苦与种种的烦恼中无法自拔。凡事适可而止，拥有超然心境，才能把握好人生方向，才能不被贪婪奴役。

在“乱花渐欲迷人眼”的花花世界中，提升高雅的沉思能力，不在模仿和跟随中迷失自我，依照内在的真我的价值活着，并将塑造积极、勇敢、乐观、坚定、丰富、高尚的内心意识铭刻在脑海里，转化为内心信念，我们才能在乘风破浪中，收获真正的大成人生。

在人生的路上，多一些对身外之物的旷达，体会与世界一样博大的胸襟，懂得适时放下，正是内心平衡、消除烦恼、获得快乐的灵丹妙药。只有懂得适时放下，才能把握最重要的东西，让自己的潜质得到最充分的发挥，人生也才会变得丰厚起来，快乐从此才不会离开。

人生最美妙的时光，是不为名利所累，不为繁华所诱，只有我们用心如止水的意念拭去外在形式的尘埃、抵制欲望横生的肆虐；只有我们用心如止水的境界摆脱功名利禄的羁绊，诠释志向的高远时，才能破除蒙蔽心智的无始无明，实现人生最美好的理想与价值。

无明

第一章

一念无明烦恼生，人生烦恼皆自寻

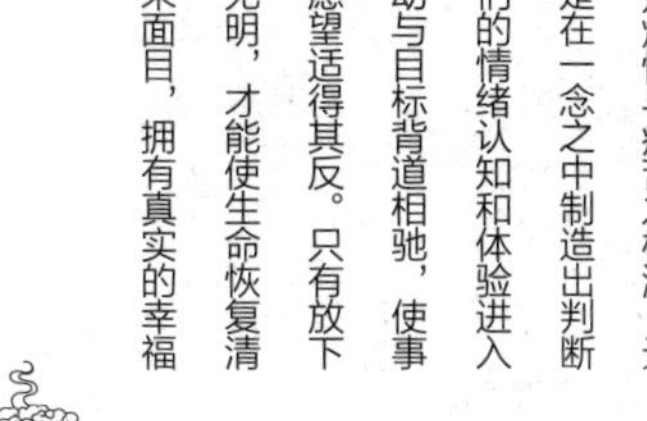

无明是烦恼与痛苦之根源，无明使思想总是在一念之中制造出判断偏差，使人们的情绪认知和体验进入误区，使行动与目标背道相驰，使事情的结果与愿望适得其反。只有放下我执，打破无明，才能使生命恢复清净无染的本来面目，拥有真实的幸福与快乐。

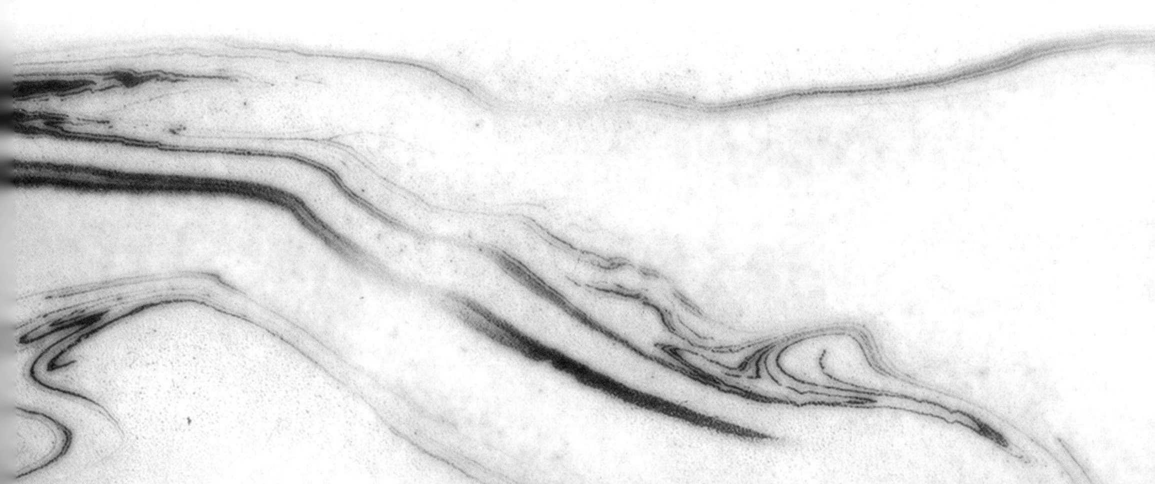

人生的幸福与快乐究竟是什么

幸福与快乐是充满美好的字眼，它同理想、前途、爱情、友谊等紧密联系在一起。古往今来，所有人都在不断地追求人生的幸福与快乐，希望自己获得真正的幸福与快乐。但是，由于人们所处的时代不同、文化背景不同、生活条件不同，对幸福与快乐的理解千差万别。于是，幸福与快乐，成了一个人言人殊的话题，在各个不同的历史时期，从学术研究到世俗生活，都产生了丰富而迥异的看法。但是不管这些看法是如何多种多样，有一点无疑是绝大多数人都达成的共识——幸福快乐是人类追求的终极目标。

从古至今以至将来，幸福与快乐的追求都会永远伴随着人类的发展，成为人类永恒的探索目标。那么，人生的幸福与快乐究竟是什么？

有人说是财富与地位；有人说是美满的家庭；有人说是健康与长寿；有人说是美貌与事业；有人说是吃得好、穿得好。但是在我们身边，常常可以看到这样的情景：有的人整天吃喝玩乐，但他不觉得幸福；有的人有贤惠的妻子和懂事的儿女，可他也不觉得幸福；有的人有一份稳定的工作和一份可观的收入，可他还是不觉得幸福快乐。然而有的人身患残疾，但因为有许多好心人帮助他，所以他觉得很幸福快乐；有的人考上了大学却没有钱交学费，于是自己省吃俭用，在外辛苦打工，终于凑足了学费，他也觉得很幸福；一对夫妻遇到了地震，丈夫失去了双腿，但妻子仍然觉得幸福快乐，因为丈夫还在自己的身边。

幸福快乐的定义，在不同的人眼里，有着不同的感悟。一杯水平淡无奇，但是对于处在沙漠里的人，却是莫大的幸福快乐；一顿饭普普通通，对于饥饿的人来说，却是理想的幸福快乐；一次沟通平平常常，对于需要开解的人来说，却是希望的幸福快乐！幸福快乐不在他处，而在人的心境中，是每个人自己的切身感受。

幸福快乐是一种持续时间较长地对生活的满足和感到生活有巨大乐趣并自然而然地希望持续久远的愉快心情。它是来自于灵魂的安宁和感受的满足。幸福快乐不仅有主观能动性，更包括对客观规律性的把握和改善自我心态的心理能力。

> 哈佛大学的卡洛斯教授曾经做过这样一个心理实验。他把志愿者们随机分成两组，让他们分别住进两所房子，其中一所安装有可以传播到房子任何一个角落的扩音器。通过它，每天都会在中午进行整整两个小时的广播。广播内容纷繁复杂，但是主题只有一个：相信你自己，你真的非常幸福与快乐！
>
> 半个月之后，两组志愿者都从房子里走出来。其中一组除了因为半个小时“监狱般”的生活让他们有些烦躁以外，没有什么情绪上的其他变化。而另外一组，因为他们走进的房子是有扩音器的那所，所以，在半个月之后，每个人的心情都非常好。他们觉得自己活在这个世界上真的非常幸福快乐。
>
> 卡洛斯教授说：“后一组的幸福快乐感其实不是被扩音器的广播内容迷惑影响而产生的错觉，是因为广播的内容改变了他们的心态，让他们学会了发现本来就属于自己的那份幸福快乐。”

没错，心理学家们认为，幸福快乐感的强弱跟一个人的心态有直接的关系。当一个人被消极的情绪所左右的时候，他就很难拥有幸福快乐的感觉。他会觉得世界是多么的不公平，幸福快乐都是属于别人的。但是，上帝可能被他错怪了，因为无论在什么时候，只要他一念转变，愿意用积极的心态去感受，就会发现到处都充满了幸福快乐。

从小生活在以色列的本·沙哈尔是一个寻找幸福快乐的孩子。11岁那年，为了参加全国壁球赛，他开始了长达5年的艰苦训练，孤独而空虚，他一直觉得生命中缺少了什么。虽然他也为此闷闷不乐，但是他坚信：无论身体还是心理都需要坚强，这样才能最终取得胜利，而胜利，一定会给自己带来充实感，能让自己获得幸福快乐。

16岁那年，他获得了全国壁球赛的冠军，成功令他欣喜若狂，他和家人、朋友举行了隆重的庆功宴。当时，他对自己的理念深信不疑，那就是“成功可以带来快乐，那么过去所受的种种苦难，都是值得的”。然而，就在那天晚上，本·沙哈尔躺在床上，试着再回味成功带来的快感，可突然之间，那种胜利的感觉以及成功的快乐都消失得无影无踪。本·沙哈尔的内心又变得空虚、迷惘和恐惧，眼泪夺眶而出，这并不是喜极而泣，而是伤心难过。在如此大的成功面前，自己尚未能感受到幸福快乐，那自己将到何处去寻找人生的幸福快乐呢？

虽然，本·沙哈尔努力让自己镇定，不断地告诉自己这只是暂时的神经过敏，但在以后的日子里，他再也没有快乐过。相反，他内心的空虚感越来越重，逐渐地，他发现“胜利并不能为我带来任何幸福快乐”。也就是从那时起，本·沙哈尔开始对一个问题十分着迷：如何才能得到真正的幸福快乐？

在以后的日子里，本·沙哈尔十分注意观察身边的人，他发现，一个富翁，可能无聊空虚得感叹“穷得只有钱了”；一个春风得意的人，也会因诸多“不可兼得”而直喊“活得好累”；那些对生活灰心失望者，即使整天披金戴银、美味佳肴地过清闲日子，也常感叹“活得真没意思”；那些整天红粉相依、情场得意者，也会叫嚷“烦死了，别理我”……而一位乡村教师，身居陋室，却能够在明月窗下，一卷在手，神游八极，同古今名士交谈，赏妙笔佳句如饮醇醪，其乐融融，幸福浓浓。

他开始到处寻找看起来很幸福快乐的人，并向这些人请教。他读

遍了所有关于幸福快乐的书籍，从亚里士多德到孔子，从古代哲学到现代心理学，从学术研究到自助书籍，等等。最后，他在哈佛大学主修哲学与心理学，在这一过程中，深植于他内心的幸福观逐渐清晰起来：人生的幸福与快乐，并不是某种固定的实体，而是一种精神与物质的统一，更多表现在积极的心理体验上。

一个人即使贫困潦倒，形影孤单，但是只要他内心积极乐观，他都会在一朵花中看见美丽的春天，会在一束光中看见明媚的朝阳，会在危机中看到良机，会在挫败中看到希望。

是的，内心的积极带来了灵魂的安宁和感受的满足，而这份安宁和满足正是保持幸福快乐的源泉。当一个人内心充满消极，他就会埋怨人生路上坑坑洼洼，似乎幸福离自己总是遥不可及。其实，那些抱怨自己不幸福不快乐的人并非真的不幸福不快乐，只是自己没有积极的心，所以感受不到罢了；反之，如果一个人内心积极，那么无论他面对什么样的条件，身处怎样的环境，他都能处处寻找到幸福。

怎样产生积极的内心体验呢？这需要我们正确对待以下几种关系。

1. 幸福快乐与挫折感的关系

挫折感是与幸福快乐相对的一种否定性体验。虽然每个人都不希望遭受挫折，然而挫折本身又往往是在通往幸福快乐之路中难以避免的荆棘，是追求幸福快乐过程中必经的阶段。有格言说得好："必须忍得暂时的挫折，才能得到永久的幸福。"幸福快乐和挫折是不可分割的，幸福快乐正是在挫折的呵护下成长起来的美丽果实。因此，我们需要积极地面对挑战，勇敢地战胜挫折，这会给我们带来人生宝贵的无形财富，使人自身更加成熟，更善于把握自己，把握幸福与快乐。

2. 幸福快乐与道德的关系

人的社会性本质表明：人们追求幸福快乐的活动是一种社会活动，在社会关系中表现出来。它不是个人的孤立的活动，而是与其他人相互联系、相互影响的活动。因此，个人追求幸福快乐的活动就会与他人发生这样那样的关系。

如果不讲求道德，将个人的幸福快乐建立在他人的痛苦之上，不仅是不道德的，甚至是违法的。这样的行为不仅永远得不到真正的幸福快乐，而且可能会葬送自己的前途和人生。

亚里士多德说："遵照道德准则生活就是幸福的生活。"我们在强调人人具有享受幸福快乐的权利的同时，还必须强调人在谋取自己幸福快乐的过程中要遵守道德，使幸福快乐的追求与道德达到内在统一。这样，我们才能产生更积极的自我认知，获得更积极的精神力量，进而拥有真正的幸福快乐。

3. 幸福快乐与利益的关系

在生活中每个人都需要获得足够的利益，否则难以生活，但生活并不是为了利益，相反，利益是为了生活。利益的意义是巨大的，这在于它的工具性，只有当它对别的事情有意义时才是有意义的。利益的典型表现形式是财富和权力。但这些东西的意义只有当它们在生活中被用来从事某些事情时才生效，这意味着利益永远只能是手段，而幸福快乐才是生活的目的，一切行动最终都是为了实现真正意义上的幸福快乐。

幸福快乐必须身体力行，是在做事情当中体会到的。一个人无论有多少财富，多大权力，还是要在做有意义的事情中才能获得幸福快乐。所以人们会说，幸福快乐是金钱买不来的。就像钱钟书所说："一切幸福快乐的享受都是属于精神的"。"采菊东篱下，悠然见南山"的陶渊明告诉我们幸福快乐在于内在心态的积极选择。还有"一箪食，一瓢饮而不改其乐"的颜回也告诉我们幸福快乐可以不因外界境遇而改变……是的，真正的幸福快乐不与财富、地位、声望同步，只钟情于心理积极、乐观有朝气的人；只钟情于遵守道德准则的人；只钟情于有志气、不懈进取的人。

现在的你，是否正处于挫折和失意中，感觉不到未来的希望？是否进入了工作、生活的“瓶颈”状态，需要激情飞扬地上升到更高的崭新平台？是否正在浑噩的生活中，感觉不到人生的意义和价值？

别再彷徨，别再犹豫，现在、马上、即刻，心念一转，变消极为积极，积极思考、积极行动，坚持下去，你一定会从逆境中崛起，在困难中成长，体验到生活中的愉悦，欣赏到一路优美奇趣的风光，开阔视野，获得灵性、增长才能和智慧，升华人生境界，开辟出幸福快乐的大好新天地！

杨安谈无明

☆ 人生的快乐和幸福不在金钱，不在权力，而在真理。

☆ 最大的快乐，最大的幸福就是把自己的精神力量奉献给社会。

☆ 积极的信念，是人们长久幸福快乐的基石。

是追求幸福，还是被烦忧侵蚀

人的一生是茫茫大海中航行的帆船，无论在多么平静的海域，总会有起起伏伏；总会遇到风浪的打击。面对人生中不可避免的困难和挫折，是选择迎难而上呢，还是选择退缩？

有的人会坚强地越挫越勇，冲破人生路上的阴霾，以更加旺盛的斗志追求幸福；而有些人却首先想到逃避，让自己沉睡在不见天日的地窖中，被烦忧渐渐侵蚀而消沉。不同的人对待困难的不同态度，注定了人与人之间不同的结局。

林女士和王女士同样在市场上经营服装生意，她们初入市场的时候，正赶上服装生意最不景气的季节，进来的服装卖不出去，可每天还要交房租和市场费，眼看着天天赔钱，烦忧的林女士以认赔了5000

元钱的价钱把服装店盘了出去，并发誓从此不再做服装生意。

而乐观的王女士却不这样想。她认真地分析了当时的情况，觉得赔钱是正常的，一是自己刚刚进入市场，没有经营经验，抓不住顾客的心理，当然应该交一点学费；二是当时正赶上服装淡季，每年的这个季节，服装生意人也都不赚钱，只不过是因为他们会经营，能够维持收支平衡罢了。而且，王女士对自己很有信心，知道自己适合做服装生意。

果然，转过一个季节，王女士的服装店开始赚钱。三年后，她已成为当地有名的服装生意人，每年有 5 万元的红利。而烦忧的林女士在三年内改行几次，都未成功，仍然穷困潦倒，一筹莫展。

事物都有其两面性，问题就在于当事者怎样去对待它们。林女士只看到赔钱的一面，而看不到将来会赚钱的发展前景，不能以积极的态度去分析事物，于是一次次地在烦忧面前败下阵来；而王女士的态度则是积极的，她更多地从将来的角度看待当前的不景气，所以，她能顶住压力，坚持到成功。

正如拿破仑·希尔所说："我们的心态在很大程度上决定了我们人生的成败。"生命因为追求幸福而充满希望和机会，也因为消极放弃而被烦忧侵蚀导致错过机遇和成功。

美国加州斯坦福大学科学家研究发现，情绪乐观的人跟情绪悲观的人，在大脑的工作方式上有着很明显的差异，因此他们怀疑，大脑的工作方式和一个人的成功失败有关系。

据斯坦福大学负责此项研究的约翰·盖博艾利博士说，他们在对两组人员的大脑工作方式进行研究后发现，性格不同的人，大脑的工作方式也不同，在不同方面的经历对自己的影响也存在着显著差异。

研究人员将同样的几组景物分别拿给 14 名倾向于悲观的人和 14 名倾向于乐观的人观察，然后对他们的观察情况进行研究。结果发现，虽然这两组人看到的事物完全一样，但他们的反应却大相径庭。

比如，研究人员拿一个装了半杯水的杯子给参加实验的人看，结果倾向于悲观的人大都认为“只”有半杯水，而倾向于乐观的人却大都认为“还”有半杯水。

研究人员又对受访者的大脑进行了复杂精密的扫描后，结果发现：

在接收到比较积极、肯定的事物，比如幸福的情侣、小动物、冰淇淋、阳光时，情绪乐观者的大脑情绪控制中枢会显著地活跃，而情绪悲观者的大脑情绪控制中枢却没什么反应；在接收到比较消极、否定的事物，比如痛哭、愤怒、蜘蛛、手枪、坟墓时，情绪悲观者的大脑情绪控制中枢会明显活跃，而情绪乐观者的这部分中枢却反应迟钝。

盖博艾利认为，大脑工作方式的不同也许就是有些人比较悲观而有些人比较乐观的原因。

这是为什么呢？

科学研究发现，人脑还可以分为上脑和下脑，这是脑科学研究中的一个重大发现。

上脑是指大脑皮层，人们叫它“有意识脑”。大脑皮层呈现褶皱状态，占整个大脑容量的大部分，包括整个脑细胞的75%，主要功能是掌管人类智能活动，例如感觉、知觉、记忆、思维、情感等心理活动。大脑皮层的密度较大，呈灰色，因此被称为“灰质”，是人脑最厚的地方。

下脑一般指下丘脑，也就是所谓“潜意识脑”，是大脑中比较原始的部分，但却是大脑中一个十分关键的部位。

“潜意识脑”的主要功能是：平衡人们平常觉察不到的生理活动，比如调节体温、控制血压、平衡人体的化学反应、促进消化过程等。

过去，专家们都认为上脑和下脑各司其职，上脑对下脑产生明显的影响，特别是上脑对下脑所控制的生理活动并非无能为力。近些年，专家们研究发现，上脑能够有意识地暗示下脑，影响到人体的生理机能变化。譬如说，上脑能够让下脑改变人的温度、血压、心跳、动机、意志等。

为了保持快乐的心情，科学家、医生等经过反复研究，总结出了很多有效方法，最著名的就是饮食、运动和冥想。饮食的要求是高蛋白、低热量，运动要求锻炼肌肉、消耗脂肪。冥想是一件比较困难的事情，要想进入很高级的阶段需要花费很大地工夫，一般性的原则主要是通过“正面思维”诱导良好的心情。

采用这些方法的目的就是诱导大脑产生人们所说的脑内吗啡。研究证明，良好的心情可以促使大脑产生一种荷尔蒙，也就是我们所说的脑内吗啡。这种荷尔蒙是大脑的分泌物，是一种相当于吗啡的物质。这种物质不仅可以极大地改善大脑的功能，使人产生愉快心情，而且还可以防止衰老，提高治愈疾病的能力，对整个身心发挥主要作用。换句话说，我们的大脑是可以生产出任何药物的“制药厂”，因此，每个人都应该充分利用这座“制药厂”。

研究发现，当一个人烦恼忧郁的时候，就会感到精神紧张而过度兴奋，这时候，大脑内就会生成一种荷尔蒙。经过专家研究验证，这种荷尔蒙不是我们所说的脑内吗啡，而是一种毒性很大的物质，据估计，这种毒性仅次于自然界中的蛇毒。

值得庆幸的是，这种时候所产生的这种吗啡，数量微乎其微，不足以置人于死地，但是如果长期这样，后果就不堪设想了。资料表明，如果一个人的精神长期处于紧张状态，这种物质就会引起疾病。这种含有剧毒的荷尔蒙可以使人萎靡不振，可以加速衰老，甚至英年早逝。

另外，大脑还能够生成一种被称为β-内啡肽的荷尔蒙。这种荷尔蒙是脑内吗啡中最有效力的物质。但是，这里却发现了一种很有趣的现象，它与去甲肾上腺素关系很密切。高兴的时候，脑内就很快分泌出β-内啡肽，让人更加愉快；如果不高兴，脑内就会马上分泌出有毒的去甲肾上腺素。

研究表明，无论遇到什么事情，只要采取积极向上的态度，大脑就会产生对人有益的荷尔蒙，对身心健康产生积极影响。反之，一个人如果经常烦恼忧愁，那么大脑内就会分泌出各种各样的有害物质。

不仅如此，沉浸在烦忧中还会有以下一些严重的危害：

1. 限制潜能发挥

人不可能取得自己并不追求的成就。人不相信他能达到的成就，他便不会去争取。沉浸在烦忧中的人不但想到世界最坏的一面，而且想到自己最坏的一面。他们不敢企求，成了自己潜能最大的敌人。

2. 沉浸在烦忧中的人会丧失机会

一到关键时刻，消极心态便散布疑云迷雾，即使出现机会，也看不清，抓不到。

3. 沉浸在烦忧中会致使失道者寡助

没有人会喜欢一味沉浸在烦忧的人。得不到别人（特别是成功者）的认同、支持和帮助，成功即是奢谈。

4. 烦忧让人不能充分享受人生

在人生的整个航程中，沉浸在烦忧中的人一路上都在晕船。无论目前境况如何，他们对未来总是感到失望、恶心。在“作呕”的状况下，无意认定目标，无力操控航向，只好随波逐流，任由漂荡。何谈快乐、成功、健康，更谈不上充分享受人生旅程中美好的风光。

5. 使希望破灭

沉浸在烦忧中的人总是埋怨、责怪、指责别人，找借口，推卸责任。因丧失责任感而摧毁自我信心，使希望泯灭。看不到将来的希望，也就激发不出任何动力。

6. 消耗掉90%的精力

烦忧的情绪容易恶性循环，变本加厉，使烦忧者日复一日在消极的境遇中越陷越深。

总之，无论从健康快乐的角度、从事业成就的角度、从人生幸福的角度，我们都需要摒弃沉浸于烦忧的消极心态，不让那些负面思想占据你的心灵。心态决定我们的命运，沉浸在烦忧中的消极心态是失败、疾病与痛苦的根源，追求幸福的积极心态是成功、健康、快乐的保证。

行为心理学家认为，当你有一种心态后，你把它付诸行动，就能加强并助长这种心态。

举例来说，如果坚信能够很好地完成自己承担的工作，你就会觉得在工作中很有信心，并在实践中想方设法把工作做好，这样信心就会越来越强。

欣赏一个人也是这样，你喜欢一个人，在与其交往中，你就会寻找他好的地方来证明你喜欢他没有错，于是你就会发现他还有更多讨人喜欢的地方，从而更加喜欢这个人。这是心态和行为相互促进的一种反映。同样，对于自己，你很喜欢自己或很不喜欢自己，也是这样的。

有了某种心态，行为会加深它。你认为自己很有能力，你就会觉得只要不断努力追求，就能取得成功。于是你就会很努力，那么你就一步步地迈向了成功。

周围的环境只能影响我们，不能改变我们。无论你自身条件多么差，只要拥有积极追求幸福的心态，就有成功的机会！反之，即使你自身条件非常优秀，可是你不能从失意的烦忧中走出来，那么你也会与成功失之交臂。

“宝剑锋从磨砺出，梅花香自苦寒来。”不经历风雨怎能见彩虹？只有挥洒过汗水的麦田才能结出丰收的果实；只有展翅飞翔过的天空，才会留下羽翼的痕迹；也只有经受过风雨洗礼的苍穹，才会绽放出美丽的彩虹。困难，不是放弃追求幸福的理由，更不是沉浸烦忧的借口。

最大的幸福，最后的成功，永远只属于知难而上，锲而不舍，锐意追求的人。面对困难，选择了积极进取的追求幸福，也就等于选择了成功。

杨安谈无明

☆ 在名利当中去汲汲索求幸福，不但不会得到幸福，而且还一定会失去幸福。

☆ 幸福快乐在于勿恶、宽容和大爱。

☆ 寻求幸福的方法：限制自己的欲望，而不是设法满足它们。

幸福何其短暂，烦恼缘何悠长

记得西方有位哲人曾把人的一生比作是往山上推石头，不断地推上去，然后又不断地滚下来。这样的比喻似乎太过于灰暗了，但仔细回想一下生活中的那些诸多不如意的地方，感觉似乎还真有那么一点“推石头”的味道。

人活着，多多少少总要有一些烦恼，不可能要星星就有星星，要月亮就有月亮。即使生活条件很好的人，也会因离愁别绪而难过，也会为生老病死而悲伤。这些都很正常，但有那么一种人，他们却常常活在烦忧之中，幸福像白驹过隙般，短暂得让他们扼腕叹息：“幸福时光何其短暂，烦恼时光为什么如此的漫长？”

幸福时光真的短暂吗？烦恼时光真的悠长吗？其实，这只是一种错觉。无论幸福和烦恼都是由内心所产生的感受，在同一个世界里，生活都是一样的，同样是往山上推石头，但是幸福和烦恼的时间长度却会因各自的感受不同而产生巨大的差异。

有的人往山上推石头的时候，虽然脸上也流着汗，也有很多次被脚下的碎石滑倒，也有很多次被路旁的荆棘刺伤，可是他们懂得欣赏路边野花，懂得聆听从山上流淌下来的那汩汩清泉。他们懂得，放下烦恼，战胜苦难，从而赢得快乐的好时光。所以他们从未抱怨过，从未痛苦过，相反他们就像挑山工一样，习惯了在蜿蜒盘旋的山道上，哼起动人的歌——推石头，反而成了他们生活不可或缺的一部分。

这便是一个人心态的力量——心态的乐观或悲观。心态决定了人们到底过得幸福还是烦恼。

许多时候，人们的烦恼都是由个人的心态造成的，在每个人的内心世界里，各种经验常常被分割得支离破碎，各种经验之间彼此隔离、彼此否定。这一切烦恼的根源都是来自于人们放不下自己的“想当然”，所以就产生了很多的负面情绪。

这里有个有趣的故事：

有个喜欢留胡子的老人，将自己的胡子留了足有一尺长。生活中，老人常以自己的胡子而自豪，有事没事都会捋一捋自己的胡子。

有一天，老人正坐在门口晒太阳，这时过来一位小朋友，他歪着脑袋盯着老人的胡子看了一会儿，就问道：“老爷爷，你这么长的胡子，晚上睡觉的时候，胡子是放在被子里面呢？还是放在被子外面？”

老人一时答不上来。到了晚上睡觉的时候，老人就想起了小孩问他的问题，于是先把胡子放到被子外面，但是这样做感觉不舒服。他想了想，又把胡子放到被子里面，却仍然觉得难受。就这样，老人一会儿把胡子拿出来，一会儿又把胡子放进去，连续几个晚上都没有睡好，都是被胡子给折腾的。最后，老人只好把胡子给剃了。

同样的生活，同样的胡子，为什么会突然让老人觉得烦恼呢？其实，只是因为老人的心理发生了变化，导致情绪发生了变化，产生了烦恼。

佛语中有一句话说：“命由己造，相由心生，世间万物皆是化相，心不动，万物皆不动，心不变，万物皆不变。”也就是说这世间所有的变化皆是因为人内心的变化所起。换言之，也就是有什么样的心境，便会有什么样的人生。世间本无事，庸人自扰之，世间一切烦恼和幸福都由心生。

有这样一个寓言故事：很久以前有一个手艺高超的雕塑家，他非常喜欢雕塑夜叉及各种妖魔鬼怪之类的雕像，并且雕得惟妙惟肖，让人叹为观止。虽然每个人都夸奖他的手艺，但是他却从来就没有幸福过。因为每天他回到家中照镜子时，都会发现自己的容貌很丑陋。因此，他渐渐对自己生出了厌倦，觉得自己非常可怕。

这种烦恼时刻伴随着他，终于他受不了了，于是寻找名医治疗，然而看过了许多名医，皆无法改变。因为医生们无法医治一个整天愁眉苦脸的人，这是他心中的病，是任何名医名药都无法解决的。后来，一次偶然的机会，他来到一座寺院，并把自己的烦恼告诉了这座寺院的一位高僧。高僧听完微笑着说："要想消除你心中的烦恼容易，不过你得先答应我一件事。"这位雕塑家听了高僧可以消除他的烦恼，自然连忙说可以。

原来高僧的要求是让这位雕塑家为他雕塑几尊形态各异的观音像。大家都知道，观音在中国文化中总是慈祥、善良、宽容、正义的化身。因此，雕塑家在雕塑的过程中，必须对观音的外表进行深入研究，并且还要用心揣摩观音的德行言表和神情。在这个观察的阶段，他自己的心灵也受到了洗礼，并且达到了物我两忘的境界，他的眼里只有慈祥、善良的观音菩萨。他将观音雕像全部完成时，去找寺庙的住持。而这个时候，他发现自己的相貌发生了重大的改变，已经不再是以前的愁眉苦脸了。

原来，他以前之所以烦恼，是因为他每天与妖魔鬼怪打交道，境由心生，于是他也变得烦躁起来，这样烦恼自然也就来了。而现在他整天和观音打交道，心中自然产生了善意，因此幸福感也就此产生了。

可以说，佛家所说的相由心生是有一定道理的，人的生理系统与心理系统是互相影响的，烦恼或幸福和内心也是紧密相关的。常常将幸福放在心中的人，就会拥有幸福，而常将烦恼放在心中的人，只能拥有烦恼了。世间的幸福或烦恼，皆由心而生。心中怎么想是由你自己决定的，所以佛家才说一切烦恼都是自找的。当你适当地调适自己的心境，学会乐观地面对遇到的一切事情时，你就能够拥有真正的幸福，也就自然会觉得幸福不再短暂，烦恼不再悠长。

怎样调适心境，去乐观面对生活，拥有真正的幸福呢？

这就需要我们改变自己的价值观，去重视更具有决定性的非物质因素，逃离负面的思想，让自己有一个积极的内心状态。

幸福原本是一种主观的愉悦感受，是一种没有物质因素的满足感。所有的哲学家和思想家都警告我们说，金钱无法带来幸福。实际上，那些赚很多钱的人活得更紧张，因为他们担心失去那些财产——财产关系到他们的幸福。财富是一种转瞬即逝的满足，对疾病（财富无法帮助你免除疾病）、苦恼和死亡的恐惧总是尾随其后。

有些人的工作日程总是相当紧张。这种马不停蹄的活动赋予他一种荒谬的幸福感。在这种情况下，人没有时间去思考他自己、他的真实存在以及他的内在自我。然而，最终他将不得不用他的真实存在去面对现实，找到自己。

金钱只能增加权力感。它给予人们这样的印象：钱是人们能够追求的最好财产，但是在生命的最后时刻，人们会认识到，钱什么都不是，只是一种短期资产，真正的幸福蕴藏于别的因素中，其中包括内在和外在的知识。

是的，并不是钱引起幸福的感觉。

有时幸福可以很简单。一个有着愉快工作环境的创造性的、有意思的工作，也能够给我们的日常生活带来幸福。有时，找些兴趣相投的朋友，聊聊有趣的话题，扫除心中的困惑，也能令我们的内心产生满足感。

那些从严重的意外事故或疾病中幸存下来的人们总是很幸福，因为他们给生命的重要性赋予了更多的价值，知道如何挑选能真正带来满足的环境。幸福的人们不会自私，而是特别无私。他们平静地生活，安宁地睡觉，在工作中通常是最具创造性的人。

为了从烦恼中解放自己，为了做到真正的幸福，我们必须明确转变我们的价值观，并且承认，物质目标不会帮助我们实现真正的幸福。

幸福的生活意味着跟自己赏识的朋友交往，有着内在的自由，对人保持谦逊，依照我们的观念生活，对生命、世界和宇宙的认知每天都在增长，为人谦虚，内心消除了憎恨、愤怒、骄傲和嫉妒。如果这些要求都可以达到的话，幸福就实现了。如果我们还没有进入这种状态，就必须致力于转变，只要有毅力，实现转变也并非难事。

心理学家和神经学家断言，一个人是可以改变的，并且任何年龄的大脑都有能力去改变。如同某些心理学理论所坚称的那样，一个人也可以学着去感受到幸福，那只是一个方法的问题，不要害怕改变。我们可以产生神经元纤维来增强大脑的连接；我们也知道，大脑中存在着某些特定的区域可以被药物或是利他之心所激活，被喜悦或慈悲心所激活。因此我们可以学着去幸福，学着转变我们的心态，这些都是可以引领我们达到幸福的途径。

烦恼是我们嫉妒、怨恨、自私、错误的价值观、负面的态度、表面上的失败……所带来的结果。这一系列的因素使我们苦恼，因而产生了内在的冲突。

尤其是，负面态度是所有不快乐的根源，一个负面的态度会吸引负面的事物。为了保持快乐的状态，一个人的心态必须是积极正面的，必须明白万物都有积极的一面和消极的一面，在某些情况下，负面的态度只能存在于我们的心理和想法中。整个医学界都明白，对疾病持积极的态度可以加快康复的速度，而同时，负面的状态却可以使病情恶化。

为了转变我们对幸福或烦恼的认识与感受，我们必须控制我们的情绪，勇于面对破坏性的自我，除此之外，我们还要用丰富的知识来培育它，用有利的环境来养育它，为它带来积极的状态，远离负面的心态。

“千江有水千江月，万里无云万里天。”你心中有什么，看到的就是什么。如果你心中只有烦恼，那么你看到的自然也是烦恼，但是如果你心中是幸福，那么你看到的一定也是幸福。任何事情，都源于自己的心，当我们能够放宽自己的心胸，能够调整自己的观念，为自己建立一种积极的内心状态，就一定能将烦恼远远抛开，一定会将幸福迎进来，让快乐的阳光驱散失意的晦暗！

杨安谈无明

☆ 真正的幸福，用眼睛很难看见，它存在于不可见的心灵之中。

☆ 无明不可能给人带来真正的幸福；幸福的根源在于破除无明。

☆ 任何人都是自己幸福的工匠。

一切烦恼的情绪波动，在于情绪的颠倒

“生活像一根线，总有着解不开的小疙瘩；生活像一条路，总有着高低不平的坑坑洼洼；生活像一条藤，总结着几颗苦涩的瓜；生活像一杯酒，饱含着人生酸甜苦辣……”面对着每个人都不可避免遇上的种种不如意，有的人能保持内心稳定积极地去面对问题，但更多的人却任由自己内心的情绪波动不已，烦恼不休。给自己的人生带来极大的痛苦，使自己走向难以避免的失败。

造成一切烦恼的情绪波动的原因是什么呢？它的产生不在于糟糕的天气、不在于与他人的矛盾，不在于前进路上的困难，不在于所有客观的原因，而在于自己情绪的颠倒。

所谓情绪是指个体受到某种刺激后所产生的一种身心激动状态。从心理学上说，情绪是身体对行为成功的可能性乃至必然性，在生理反应上的评价和体验。普通心理学认为：“情绪是指伴随着认知和意识过程产生的对外界事物的态度，是对客观事物和主体需求之间关系的反应，是以个体的愿望和需要为中介的一种心理活动。情绪包含情绪体验、情绪行为、情绪唤醒和对刺激物的认知等复杂成分。”

这就是说，情绪并非直接源自外在的诱发事件，而应该归因于个体对于事物的认知观念和想法。人们并不是被事物所烦恼，而是被自己看待事物的方式所烦恼，引发情绪的原因主要是自己的信念系统。

通常情况下，情绪的认知是很会骗人的。它们可以骗你，而且常常会让你相信你的生活比实际上的还糟。当你情绪稳定积极时，生活看起来好极了：你有自己的见解、常识和智慧。情绪好的时候，凡事都不难，问题比较不可怕，也容易解决；情绪好的时候，人际关系融洽，沟通也很顺畅，即使遭受批评，也能欣然接受。

可是，一旦你陷入了消极的情绪认知中，生活就会看起来很糟糕，困难到了难以忍受的地步，你就难以保持平静。你会以为所有事情都是冲着你来的，你会误解周围的人，把你邪恶的动机归罪到他们的行为上。于是，你的烦恼情绪就会像波浪一样起伏不定。

这是个陷阱：人们并不了解是他们情绪的颠倒在作怪。他们以为生活是突然间才变糟的。这样迅速而剧烈的颠倒情绪认知看来虽然荒谬可笑，但是人们很多时候都是这样的。人们一切烦恼的情绪波动全都取决于我们错误的情绪认知，而这些颠倒的错误认知所引发的烦恼的情绪波动危害巨大，后果是非常严重的。

医学告诉我们，情绪问题会使脑细胞衰竭或死亡。如果持续时间足够长，甚至可以通过脑扫描仪发现整个脑部出现皱缩，在某些敏感区域萎缩可达10%～15%。这种脑衰竭叫做脑萎缩，导致脑萎缩的化学物质叫萎缩因子。情绪的持续波动，还会造成整个神经系统、内分泌系统的功能紊乱、指挥失灵，使其他器官机能的运作发生障碍，诱发出一系列的生理和心理疾病，甚至可能让人从此一蹶不振。

烦恼的情绪波动是失败的根源，同时也是危害身心健康的幕后黑手。它使人不能正确地评价自己行动的意义及结果，自制力降低。另外，还会使工作和学习效率降低，从而远离成功。

其实，一切烦恼的波动都是自己放进心中的，能够将烦恼从心中拿出来的也只能是自己。当我们在为种种烦恼之事感到失落甚至伤心落泪时，其实快乐就在我们身边朝我们微笑，只是你需要换个角度去认知才能发觉而已。

有一个中年妇人感觉非常烦闷，于是去城郊的寺庙请求方丈帮助自己脱离苦海。这位妇人说，她最近经常失眠，无论面对多么鲜美的佳肴都没胃口，浑身乏力，懒得动弹，做什么事都没有激情，很想了却尘缘，遁入空门。

方丈是个颇懂医术的人，他听完那位妇人的述说之后，便说：“不忙，待老衲先给施主把把脉如何？”妇人点头应允。

把完脉，看完舌苔，方丈微微一笑，说道：“你体有虚火，没什么大碍。”停顿了一下，方丈又继续说：“只是施主心中藏着太多烦恼而已。”妇人一下被点醒，心里暗叹神奇，便把心中所有事情逐一向方丈说明了。

方丈很随意地跟她聊着：“你家相公与施主感情如何？”

妇人脸上有了笑容，说：“感情？耳鬓厮磨十几年从没有红过脸。”

方丈又问：“施主膝下有无子女？”

妇人眼里闪出光彩，说：“一个小女儿，很聪明，也很乖巧。”

方丈说：“你家生活条件不好吗？”

妇人赶忙摇头说：“很好，家里的生活算得上是镇上的富人家了……”

方丈铺开纸墨，边问边写，左边的纸上写着令她烦恼的事，右边的纸上写着令她快乐的事，然后把写满字的这张纸递给妇人，对妇人说：“这张纸就是给你治病的药方。你把苦恼的事看得太重了，所以忽视了身边的快乐。”方丈一边说着，一边让徒弟取来一盆水和一只苦胆，然后把胆汁滴入水盆中，浓绿色的胆汁在水中淡开，很快就消失不见了。

方丈说：“胆汁入水，味就会变淡。人生也是如此，不是你承受的苦痛太多，而是因为你不善用快乐之水将苦味冲淡啊！”

因为烦恼，因为情绪的颠倒，很多本可以成就伟业的人却做着平庸的工作；因为烦恼，因为情绪的颠倒，很多人把大量的时间和精力浪费在了无谓的琐事上。世界上没有一个人因为烦恼而获得好处，也没有一个人因为烦恼而改善自己的境遇，而烦恼却无时无刻不在耗费着我们的精力，扰乱着我们的思想，影响着我们的工作效率，降低着我们的生活质量。

刘松是一个刚参加工作的年轻人。因为单位工作比较轻松，而且女人特别是比刘松年长的女人非常多，没事她们就喜欢凑在一起闲聊，话题除了家庭的锅碗瓢盆就是别人家的家长里短，而刘松生性内向，一般不与她们在一起聊天。

以前在学校时，大多是和刘松一样"臭味相投"的年轻人，所以刚来时很不能接受，不过现在好多了，但是自从一个人来了以后，使刘松已经平静的心又不平静起来。

这个人年龄虽不大，但学历不高，在农村待过很长时间，于是就特别的"八婆"。虽然人不坏，但每每一听到她那如乌鸦般的大嗓门，看到她哗众取宠的样子刘松就有一种说不出的讨厌。有时，她还爱在刘松面前显这显那，大言不惭地说她最适合公关这一行，其实她文笔极差、知识面窄，在刘松看来她既缺乏气质又没什么才气，还整天做一些令刘松讨厌的事。

在这种环境中，刘松真有一种透不过气的感觉，她变得越来越抑郁，不仅身体开始频频出现毛病，心理也总是焦躁沮丧。刘松有时也责怪自己为何这样。为了适应环境，刘松一直希望自己能够保持一个平和的心态，但是却并不知道如何去做。

其实，在生活中，对于别人的不良行为我们不应去学，也不应让它们左右我们的行为，但我们可以换个角度去看待去认知周围的环境，这样才能避免情绪的颠倒引发烦恼。情绪认知的完善是一种磨炼，人生需要磨炼。在磨炼的同时，提高自己的素质，使自己趋于完善。也就是，当看到别人的不足时，看看自己有没有不足，有就快弥补。这也是自己在获得精神世界的完善，获得人生境界的提升。

为了调节情绪，你必须给自己定一个目标："从今天起，从现在起，我一定要控制自己的情绪。"你不妨从下面这些做起：

1. 多看美好的一面

调节情绪与控制相机镜头是一样的，假如你把镜头对准垃圾，就会留下污浊的影像；假如你把镜头对准鲜花，就会留下美丽花朵的影像。情绪也是如此，如果总是看到积极的方面，就会产生乐观的情绪；如果总是看消极的方面，就会产生灰色的情绪。

2. 适当的情绪宣泄

找知心朋友或睿智的朋友释放一下自己的委屈、忧愁、牢骚和怨恨等，不快很容易就会烟消云散了，压抑反而使不良情绪越积越多。

3. 不要苛求

现代人对自己要求越来越高，对环境的要求也越来越高，这就导致对自己不满，对环境也不满。我们要理性地看待自己，适当地原谅自己。

4. 不要无端的猜疑别人

虽然实际生活是复杂的，社会上有各式各样的人，做人不能太幼稚、太天真，否则就有可能吃亏上当。但是，也不能因此就无缘无故地胡乱猜疑、疑神疑鬼。无根据地怀疑别人暗中盘算自己，不但会给自己凭空增添许多烦恼，而且还会妨碍同事间的感情和友谊。

5. 不要妒忌他人

妒忌是一种恨，也是一种烦恼。当一个人被妒火所支配的时候，他将会因别人的成绩和进步而深深地苦恼。妒忌的结果往往是害了自己，又害了别人。应该心胸宽大，虚心学习他人的优点，促进自己进步。

6. 不再对他人如何评价自己过于敏感

一个人真正应当关心的是自己如何做人，而不在于他人如何看待自己。

7. 把你认为使你烦恼的事情一一记下来，分析处理

比如说，如果是一件必须加以抉择的事，你不妨把正面的和反面的理由都写下来，然后考虑如何处理为好。如果这件事发生，我便这样去做；如果那件事发生，我便那样去做。如有可能立即付诸实践，最好是立即了事。最不明智的做法，就是一味地拖延下去。

8. 不要回避可能使你烦恼的事情

正视烦恼之事，平心静气地去考虑，积极努力地去解决，对所能预料的事，确定一个切实可行的解决方案，对无法预料的事，做好思想准备，以饱满的热情和充分的信心去迎接它。

9. 转换思维的角度

所有的绊脚石都是垫脚石，就看你怎么用它。安逸状态下学不到东西。创痛能帮我们克服困难，挫折的创痛，要使其转化为成功的动力。创痛能教会我们某些事情，使我们发现自身的力量。强者善于运用失败与挫折的创痛，使其转化为成功的动力。

人们常在意想不到的时候产生不好的想法，产生情绪的颠倒，重要的不是只想办法排除不好的想法，而是腾空你的心房，装入更好的情绪调适。那些成功的人士，实则是突破心理障碍最多的人，他们最懂得如何控制自己，让自己不做情绪的奴隶。一些有过情绪问题的人容易受到启发，在学会了情绪控制以后，他们往往变得更加热情地去接受这些观念和做法。

因此，要想取得成功，我们就要积极主动地调节情绪，才能掌握自己

的命运，让一切烦恼的情绪波动都归于平和，才能以百倍的力量面对和克服我们人生道路上的每一次挫折、每一座大山！

杨安谈无明

☆ 良好的身心健康，是幸福的最好资产。

☆ 真理是永恒不变的，但见解却不过是当事者的气质、情绪和性格所形成的看法。

☆ 幸福属于善于调节情绪的人们。

众生一动思想、一有情绪就是颠倒

人生就像一场旅行，思想是导游，没有导游，一切都会停滞不前。每当我们睁开眼，我们的大脑就不断受到所见事物的刺激。我们可能有意识地思考着某一具体的事物，然而我们的大脑同时却处理着成千上万的想法。

不幸的是我们的认知并非尽善尽美，它往往有着片面性，存在着只见局部，不见整体；只见个别，不见一般的认识误区。此外，人们对事物的认识，往往是与自己关于这种事物的知识和经历有关的，而事物的变化是恒常的，这样，就很容易对该事物产生思维定式。

这样，众生的思想总是在不知不觉中制造出判断偏差，使我们的情绪认知和体验进入颠倒的误区，使我们的行动与目标背道相驰，使事情的结果与愿望适得其反。这种认知偏误不受年龄、性别、教育状况以及智力等因素的影响。

也因此伏尔泰曾这样说：“人使用思想仅仅是为了遮盖错误，而用语言则是为了掩饰思想。”歌德也说：“我们比较容易承认行为上的错误、过

失和缺点，而对于思想上的错误、过失和缺点则不然。”

“有什么样的思想，就有什么样的行为；有什么样的行为，就有什么样的习惯；有什么样的习惯，就有什么样的性格；有什么样的性格，就有什么样的命运。”片面的思想、颠倒的情绪使我们迷失了真我，失去了对自我命运的创造力——这是不幸的根源。试想想，以表象为真实、以错误为正确、以虚假的自我为本真的自我，又怎么可能洞察真相，获得真我的全面发展与自由呢？

茨威格说：“思想虽然没有实体的，也要有个支点，一失去支点它就开始乱滚，一团糟地围着自己转；思想也忍受不了这种空虚。”

思想原本是个中性词，无所谓好，也无所谓坏，它能发挥足以开天辟地的积极力量，也能让世界归于沉寂或者毁灭。作为一种工具，它的功能全部维系于使用者的心性之上。只有不失真我的人，才能使这个工具产生巨大的正向创造力而不是颠倒的破坏力。

有这样一个人，他一心一意想升官发财，可是从风华正茂熬到斑斑白发，却还只是一个不起眼的小小公务员。这个人整天都郁郁寡欢，每次想起自己的一生就掉泪，有一天竟然号啕大哭起来。

这时，一位新同事刚来办公室工作，觉得很奇怪，便问他到底为何如此难过。他回答道：“唉，你有所不知。年轻的时候，我的上司爱好文学，我便学着作诗、学写文章，想不到刚觉得有点儿小成绩了，却又换了一位爱好科学的上司。我赶紧开始研究物理，不料上司嫌我学历太浅，还是不重用我。后来，换了现在这位上司，我自认文武兼备，人也老成了，谁知上司喜欢青年才俊，我……”

“我一直想得到上司的欣赏和重用，为上司们活了一辈子，但是……”说着，这个人又禁不住地哭泣起来，“如今我年龄渐高，过不了几年就要退休了，但是却一事无成，你说我怎么不难过？”

可见，为了得到别人的认可而处心积虑地为别人而活的思想，会使人生活在情绪颠倒中，使人迷失自我，使人生活在索然寡味、苦不堪言中。

即便故事中的这个人最后获得了上司的重用，他的心也是不得轻松、没有快乐感的，因为他活在了别人眼中，迷失了真正的自我。

这如同我们疯狂地转动舞步，一刻不停，在众人的喝彩声中终于以一个优美的姿势为人生画上了句号，但是内心的思想不确定这样做的意义、这一路的风光和掌声，最后带来的只会是说不出的空虚和迷茫、疲惫和厌倦。

在人生中，你的思想重心并不是“观众”，而是你的真我。在做人生抉择的时候，我们很有必要让自己静下心来，确定一下自己内心里到底想追求什么。是为了获得别人的掌声，背着沉重的包袱踏上人生之路；还是活出真我，享受自由自在的幸福？

大多数人都希望自己的生活能够回归到真我，但是他们真能做到吗？毫无疑问，这是一个大大的问号。为什么呢？羡慕的眼光，面子的光鲜，现实中太多人的思想都会被“假空”的生活压得喘不过气来，甚至头晕眼花。有一句名言：“承受生命之重。”实际上大多数人不堪承受生命之重，因为他们的思想中，期望占有物质财富来获得世俗认同，他们被好房、靓车、高收入、高开销等欲望折磨得疲惫不堪。其实，物质财富并不像很多人想象的那样重要。许多拥有物质财富的人是在令人难以察觉的绝望状态下生活的。这在工业化程度很高的西方国家，情况尤为严重。

一项统计显示，在美国，一对夫妻一天当中只有 12 分钟时间进行交流和沟通；一周之内父母只有 40 分钟与子女相处；约有一半的人处于睡眠不足的状态。时间的危机，实际上是感情的危机。大家好像每天都在为一些大事疯狂地忙碌，然后疲惫不堪，没有时间顾及其他。大家都在劳动，都在创造，但是，生活真的变好了吗？

美国心理学家戴维·迈尔斯和埃德·迪纳已经证明，物质财富是一种很差的衡量幸福的标准。人们并没有随着社会财富的增加而变得更加快乐。在大多数国家，收入和快乐的相关性是可以忽略不计的，只有在最贫穷的国家里，收入才是适宜的标准。

抛开这些抽象的理论不说，物质财富的进步有时确实使人们作茧自

缚。举一个很简单的例子，电话、传真、电子邮件已经成为许多人工作中不可缺少的帮手，不过，如果一项工作每天都面对源源不绝的电子信息，就很可能产生“信息疲乏并发症”。

许多企业界的经理人和信息业的工作者抱怨，每天必须接听的电话和处理电子邮件造成了精神上莫大的压力，“信息疲乏并发症”甚至会造成长期失眠，严重影响健康。至于伴随文明发展而来的噪音、污染等问题则更是尽人皆知的。

在习惯的支配下，人们的思想并不对这个嘈杂的世界、混乱的时空感到有什么不对劲，也许只有到临终的时候，才会悲哀地发现，自己的一生，原来是这么的不愉快。

真我并不意味着悠闲。比如说有人追求丰富的存款，如果你喜欢，那就不要失去，重要的是要做到收支平衡，不要让金钱给你带来焦虑。

物质财富只是外在的荣光，真我才是内心的喜悦，生命的充实，精神的丰富以及爱与被爱的纯粹。

无论何时，我们只有走出世俗的目光，找到真我，才能让人真正地容光焕发。如果一个人的思想总是被拥有物质的多少、世俗的眼光占据，总是一味用思想去换取一种有目共睹的世俗生活，他的内心就会一天天枯萎，他将会无处寻觅精神花园的芳香。

只有当众生不失真我，不在乎世俗的目光，人们才会放下外在的虚荣，才会产生正向不颠倒的思想，洞察事物的表象，幸福和快乐才会润泽人干枯的心灵，就如同雨露滋润干涸的土地。

那么，如何才能避免因真我的迷失而导致的思想误区、情绪颠倒呢？

1. 面对并接受自己

所谓面对自己，实际上就是要接受自己，包括自己的优点和缺点。因为这些优点和缺点才真正构成了一个完整的你，无论你自己承认不承认，这些都是客观存在的现实。你可以去改变现实，但是首先得承认并接受现实。不要将缺点隐藏起来，不要不愿意去面对。要认识自己，首先必须要面对自己、接受自己。

2. 了解自己工作的价值

很多人虽然工作了一辈子，却始终不知道自己工作的价值在哪里，唯一知道的就是如果不努力工作，企业的经济效益就会受到影响，所以他们把给企业带来效益当成自己工作的价值。这种说法并没有错，但是并不完全。举个例子：一个公交车司机，他的价值并不仅仅是为公司带来效益，而且还包括保证乘客的人身安全，使人们能够安全、快速地到达目的地。这个价值比给公司带来效益的价值还要大，而且要大很多很多。

所以说，了解到自己工作的真正价值之后，你才会发现原来自己是这样一个人，是一个不可被取代的人，那么你也就不可能迷失自己了。

3. 不要太在意别人的说法

为什么很多人容易在众说纷纭当中迷失自我呢？因为他们太过于看重、在意别人的说法了。A 说这个问题应该用这个方法解决，他们就用这个方法解决；而 B 说这个问题应该用那个方法解决，那么他们就很容易被搞迷惑：到底用什么方法解决呢？久而久之，他们也就失去了主见，完全按照别人的方法去做，自然也就找不到自我了。

4. 站在自己的角度看问题

同样一个问题，站在不同的角度去看，结果是不同的。就像桌子上的一个杯子，从侧面去看，是一个圆柱体；而从上面去看，则是一个圆形。我们不可能同时从不同的角度去看，而只能从自己的角度去看，得出自己的结论，这样才不会被别人的意见搞乱。杯子是圆还是扁。完全是我们自己看到的那个形状，和别人看到的一点关系都没有。

5. 拒绝消极的暗示

这种暗示分为两个方面：第一是自我的心理暗示；第二是周围人给自

己的暗示。不少人之所以会迷失自己，就是因为接受了周围人对自己的负面暗示，使得自己都不知道自己到底是一个什么样的人，完全按照别人的暗示来认定自己。当然，这样就很难找不到自我了。

迷失真我的人，思想是片面的，情绪是颠倒的；生活是无力、空虚、压抑的。因为他们的思想将自己的人生托付给了别人的认可和掌声，将努力交给了取悦、交给了表象、交给了无常，却唯独没有交给自己的心灵，没有运用自己内心对自我价值实现的渴望去开掘我们的潜能量；他们忽视了自我的生命本质力量，淡漠了灵魂对正确的真理、对真正的幸福发出的呼唤。于是，迷失了真我的人最终只能无奈地任自己在颠倒的思想情绪里荒芜、苍白、遗憾、痛楚或者麻木。

因此，每一个人都要时刻保持一颗清醒的头脑，认清真我，不要再活在别人的目光中。要以积极地情绪去挖掘自己的潜能，无愧于真我，活得真实，活得自然，活得坦荡。如此，真我的风采一定会让你与众不同、璀璨夺目，让你诠释人生的伟大意义、实现自我的巨大价值。

杨安谈无明

☆ 走正路的人，不怕迷失方向。

☆ 最大的谄媚者和最大的敌人都是一个人的自我。

☆ 假如幻妄颠倒的认知使灵魂飘然轻举，跌下现实的深谷将倍加痛苦。

无明——人生烦恼与痛苦之根

我们要想生活得快乐幸福，就必须找出烦恼与痛苦的根源，然后在根本上断除它。就像医生治病，必须清楚病根所在，否则头痛医头、脚痛医脚，所谓的治疗只是治标而不能治本。虽能暂时缓解病情，但病灶不除，总有复发的一天。

那么，造成人生烦恼与痛苦的根源是什么？

有一本书中是这样说的："一切惑业，若追溯之，其源无不归纳于无明。盖一切惑业，无非由执。由有执故，乃能成障。所以执者，为有着故。所以着者，原无明故。无明之外，别无他因。故此一切惑业，无不归纳于无明也。"简而言之，无明就是一切烦恼和痛苦的根源。

什么是无明？无明就是不明白世界的真相，执幻为实、认假成真，将世间虚幻无常的一切事物视为恒常的独立存在，故而产生诸多执着，又因执着而生起各种欲望，再因欲望而诞生了诸多烦恼。所以，无明是烦恼与痛苦之根本。

无明，可以从很多经典中看到，它的通俗说法就是：无智、愚昧。成道以后，佛陀并不认为生命存在真实的痛苦与烦恼，只是人类的迷失和愚昧遮蔽了真理的光芒，于是有了烦恼痛苦的现象。

佛陀为了教育的方便，用"无明"来指称痛苦烦恼。"无法明白"，借此让我们反省到内心，反省到烦恼的根源上，由此一劳永逸地解脱。

无明并非独立存在，它是一种缘起法。无明并非科学家所谓的"本能"，并非自发地生成，它是我们创造的东西。每当我们相信事物的表象，认为它们是自性存在而非只是表象时，我们便产生了无明；每当我们对表象信以为真时，我们就产生了无明。它是一切愚痴的根源：包括无知、嗔怒、执着、疑惑和邪见。因为无明，我们不能知道真实的智慧，不能了解真实的世界是什么样子，它没有智慧，它愚昧，它造成人生失败，它是所有问题的根本。

我们常常用"无明之火"来形容发怒或者生气，意思是说：我们在生气的时候不知道自己在干什么。大多数情况下，我们都很自信知道自己在干什么，没有进入"无明"。可是，我们为什么还会有那么多的忧虑与恐惧呢？

实际上，无明是众生注定要进入的，原因在于每个人都有偏见。

著名心理学家弗洛伊德在他的著作中说：“直观，似乎是一种理智的不偏不倚的态度的产物。然而不幸的是，当涉及根本性的事物时，当涉及科学和生活的重大问题时，人们简直无法做到毫不持偏见。这时，我们每个人都被一些根深蒂固的内在偏见所左右，我们的思考也不自觉地受到这些偏见的影响。”

我们的世界观是在经验中形成的，不可避免地会受到经验的左右。人的大脑中已知的东西无可避免地成为人们认识事物、判别事物的标准。特别是我们爱怜与痛恨的人或事物，非常容易牵引我们进入“无明”。即便是对最简单的事物的判别也不可避免地有偏见存在。

实际上，我们听到的每个观点（包括正谈论的）都会束缚我们的心智。因为我们害怕未知而依赖已知，总希望有现成的观点指导自己的行动和思考。由于偏见，心智就会腐败庸俗，不知不觉地进入“无明”。

下面这个故事的小李，也曾因偏见而使自己陷入了无明的烦恼和痛苦中。

小李对小王的偏见，从没见到他本人的时候就开始了。

那天，人力资源部主管向小李透露，小李所负责的部门要来一位新同事小王。一听说他只是一个普通院校的毕业生，小李心里当时就老大的不愿意：研发部前几天新进的可是复旦的毕业生，怎么就给小李派一个这样的人啊?

因为有偏见，见了面又看他其貌不扬的样子，便在心里断定他是个资质平平的人。小李把他带回部门的时候，只是简单地做了一下介绍，便转身进了自己的办公室。小李不冷不热的态度，相信再迟钝的人也能看出来。

接下来的事，更让小李对他反感。

第二天上班，小李刚打开电脑准备当天的工作，突然发现昨天放在桌子上的数据分析表不见了。小李挨个文件夹搜索，就是找不到这份文件。这可是小李用三天时间整理出来的，丢了它，不但之前的核算全白做了，就连后面的分析都无法如期进行。

情急之下，小李忽然想起来，昨天快下班的时候，小李曾把咖啡打翻了。当时随便操起几页纸就擦，可能被小李误扔到垃圾筐里了。抱着最后一丝希望，小李一个箭步冲到了垃圾筐。里面居然是空的，那一刻，小李连哭的心思都有。

小李按下内线，气急败坏地把秘书叫了进来，质问她谁打扫过小李的办公室。秘书一看小李的脸色不好，把小王喊了进来。小王一脸憨态地站在那里，一问，是他早上提前一个小时到岗，把小李们部门的所有房间都打扫了一遍，小李的垃圾筐也是他倒的。小李当即就火了："以后没有我的允许，不要随便进我的办公室！还有，同事们的垃圾筐，让他们自己倒。万一谁有个重要的文件误扔了怎么办？你做好你分内的事就行了！"小王面露尴尬，怯怯地站在那里，再怎么道歉也于事无补啊！

此后的一周时间，小李不得不重新统计那些枯燥又令人头痛的数据。小李真想不明白，现在的年轻人都怎么了。就为了积极表现，竟然提前一个小时到岗！还把里里外外的卫生都打扫了。真是多事！

那段时间里，虽然小李利用一切可以利用的机会在各种场合贬低这个她横竖看不入眼的年轻人，可就在这期间，由于小王做事很勤奋，对别人的求助又总是开心地应允，因此赢得了领导和同事的认可。

一次，公司要参加一个大型工程的投标，要求小李的部门在很短的时间里做好有关的数据统计，当时正值盛夏，天气燥热，小李和同事们连续加了三天班，才在领导要求的时间把统计好的数据报上去。小李刚想放松一下，主管领导却在这时破门而入，气急败坏地把小李刚交上去的一沓数据甩在小李面前。原来，是小李忙中出错，在汇总的时候把一组关键的数据弄错了。领导暴躁的吼叫吓得其他同事都躲了起来。这时，竟是小李最不喜欢的小王轻轻地走进来，对小李说时间还来得及，由他和别的同事一起先把数据顺一遍，然后再请小李最后审定。小李看看他，禁不住点点头。果然，不到一个小时，小王就把数据送进来了，小李这时也平静了许多，仔细核查好几遍，确认准确无误后，送给了主管领导。

这以后，再看小王，小李的眼光变了。在小李的眼里，他是那么勤奋、敬业，那么与人为善……同时，小李也时常在内心里为自己先前的偏见和刻薄而深深地自责和不安。

偏见使人们远离真理，影响人们对信息的加工和处理，导致人与人之间的冲突，使人们做出威胁未来的判断。那么，到底是什么原因造成了偏见呢?

产生偏见的原因很多，主要有：

1. 形而上学的思想方法

对人对事常从静止的、孤立的和片面的观点去看待，掌握不了人和事物的本质和规律。

2. 错误判断

对于首因效应、晕轮效应、近因效应和社会刻板印象等缺乏正确的认知与分析，常导致以点代面、以偏概全，以现象代替本质的错误判断。

3. 个人的情绪作用

有的人缺乏理智感，常以自己的好恶作为判断人和事物的标准。

4. 缺乏理解

对他人缺乏深刻的理解或来自不正确的信息。

除此以外，还有历史和社会经济因素、文化因素、环境因素、认知因素、人的人格和心理因素等也都不同程度地影响着偏见的产生。

在我们的社会中，偏见是普遍存在的，并且会产生各种各样的消极后果。正如泰戈尔说：“除非心灵从偏见的奴役下解脱出来。否则心灵就不能从正确的观点上来看生活，或者真正了解人性。”消除偏见长期以来一直是人类一个极为重要的目标。

虽然偏见的内容范围非常广泛，深深地扎根于社会生活之中，要有效地控制和纠正偏见并非易事。但是，偏见并非是不可消除的。只要我们对症下药，便可达到预防和消除偏见的目的。马克思、恩格斯、马丁·路德·金、曼德拉、玛丽·沃斯通克拉夫特以及约翰·穆勒等人之所以获得了人们的普遍尊敬，关键就在于他们为消除社会对劳工、对黑人和少数群体、对妇女的偏见、歧视乃至压迫，提高弱势群体的社会和经济地位作出了不朽的贡献。

克服偏见，谨防偏见，就要加强多方面的修养，就要在生活和工作中培养公正待人的优良品德，养成冷静观察问题的习惯，不要过于相信自己的印象，不去接受未加分析的判断，不听信流言，不随人说三道四论长短。在评价一个人的时候，不人云亦云，而是要用自己的眼睛去看，用自己的耳朵去听，用自己的头脑去思考，正所谓“不可以以一时之誉断其为君子，不可以以一时之谤断其为小人”。

此外，还可通过心理学家们建议的下列措施去消除偏见：消除刻板印象；面临共同命运与合作奖励；增加平等的群体接触；制定有助于消除偏见的社会规范和制度；改变人的教育等。在上面所有的方法中，最为重要的就是学习或者说接受良好的教育。大量的事实证明：一个人接受教育的程度越高，其偏见的程度就越低。

“活到老，学到老。”学习是一切成就之基。只有全面的认知和美德才能使人解脱一切偏见的束缚，让人避免进入无明。由此，烦恼与痛苦自消，幸福与快乐自来，心灵朗照万物，如实感知世界上的一切，美好贯穿你的整个生命时空，照亮你的整个人生，所有的纷扰都无法动摇你的幸福、安宁、自在与坦然。

杨安谈无明

☆ 偏见是无知的产物。

☆ 放弃偏见永远不会为时过晚。

☆ 每向正确理论前进一步，都要有意识的战胜顽固的偏见。

打破无明，放下颠倒执着，才能拥有真实的幸福快乐

古人云："不复知有我，安知物为贵。"又云："知身不是我，烦恼更何侵。"意思是说，世俗之人由于把自我看得重要，因此才会有了各种嗜好，许多烦恼。所以古人说："如果不知道有自我的存在，又怎么能知道事物的可贵呢？"又说："既然知道连身体都不是我能永远占有的，那么在这个世界上还有什么可值得烦恼的呢？"这些话真是一语破的，切中要害。

我们常常习惯说：我的钱、我的面子、我的财产、我的名誉……"我"的观念从不淡薄，我执深重，处处计较，经常耿耿于怀，免不了颠倒执着的加深，于是无明的烦恼痛苦，也就日益渐增，接踵而来。而颠倒的我执一旦破除，就意味着无明的打破，一切烦恼痛苦都会消失，真实的幸福快乐就会在每一个当下涌现。

什么是"我执"？我执又名"我见"。指对一切有形和无形事物的执着，指人类执着于心智的缺点，包括自大、自满、自卑、贪婪等，或者对心智的认同过于强烈，导致缺乏集体意识和奉献精神，或者太关注自身而忽略别人，等等。我执实际上就是一种对"我"的颠倒执着，放下了我执，无明便会打破了。

宋代苏东坡和佛印禅师是好朋友，他们习惯拿对方开玩笑。有一天，苏东坡到金山寺和佛印打坐参禅，苏东坡觉得身心通畅，于是问

禅师道："禅师！你看我坐的样子怎么样？""好庄严，像一尊佛！"苏东坡听了非常高兴。佛印禅师接着问苏东坡道："学士！你看我坐的姿势怎么样？"苏东坡从来不放过任何一个嘲弄禅师的机会，马上回答说："像一堆牛粪！"佛印禅师听了微笑，默不作声。

"我今天赢了！"这件事传到他妹妹苏小妹的耳中，妹妹就问："哥哥！你究竟是怎么赢了禅师的？"苏东坡眉飞色舞、神采飞扬地如实叙述了一遍他与佛印的对话。苏小妹天资聪颖，她听了苏东坡得意的叙述之后，说道："你输了！禅师心如佛，所以他看你如佛；而你心像牛粪，所以你看禅师才像牛粪！"苏东坡方知自己不及佛印。

苏东坡之所以输给佛印，在于他心中还有一个执着于"我"的争宠辱之心，说自己是佛就高兴，说别人是牛粪就沾沾自喜，如果别人说自己是牛粪呢，可能就会眼中冒火了。这正是一个人执着于自我的表现。认为表扬自己就好，说别人不好自己也高兴。究其根底，一切都是为了一个"我"。

南怀瑾先生说，众生都有一个"我执"，认为这就是我！把自己所有的妄念、意识、烦恼，这些一切不实在的观念、思想当成是真实的。

我们一切的思想、心理、意识的变化，都是那个真正心所起的一种现象变化而已，不是真正的心。可是一切众生把现象变化抓得很牢，看成是心。这种颠倒的我执，使人习惯以"我"为出发点，衡量世界上所有的人、事、物，并且习惯将所有精力都放在维护"我"和"我的"之上。

比如，有的人会为了维护自己的利益，而牺牲他人的利益；有的人会为了维护自己家庭的利益，而剥夺其他家庭的利益；有的人会为了维护自己国家的利益，而侵犯其他国家的利益。这是贪欲的基础，贪者会认为，什么都是我的，我就是世界的主角，所有东西都想拿来为我所用，所有事情都以"我"的感受为重。

举个例子，日本人当年觊觎中国的地大物博，于是发动侵华战争，杀害了许多中国百姓，给许多家庭留下了难以痊愈的创痛。在中国人的眼

中，这当然是残忍的，但日本的史书却将这一历史事件冠上了悲情且壮烈的色彩。因为，从他们的角度来看，那场战争原是为了本国人民的温饱和后世子孙的资源而发动的，它也是一种爱国热情的产物。尽管这种产物是建立在广大中国人民的痛苦上。正是这种“我执”让他们毫无顾忌，为所欲为。

这类颠倒的我执观是非常可怕的，它让人非理性地把自己置于一切之上，凡是我看重的东西、与我的利益有关的东西，都极力护卫，不断攫取、乃至执着不放。于是，崇尚它的人们，在“我”的利益与“他”的利益发生冲突的时候，往往会选择牺牲“他”的利益而维护“我”。这个“我”指的是人们心中的自己，也是与自己最亲密的群体，比如我的国家、我的民族、我的城市、我的家庭，等等。

更可怕的是，这类颠倒的我执观偏偏是世界的主流，因此，各种恶性竞争才会发生在世界的每个角落，人与人之间的关系才会变得越来越疏离与冷漠。也正因为如此，执着于“我”而罔顾人类良知所导致的悲剧，才会在每个时代的众生身上时刻不停地上演着——我执的无明，成为了阻碍人类获得一切美好的最大问题。

首先，它对个体自己造成最大的危害，即这种片面执着的“自我”，总是由于过于重视蝇头小利和点滴感受，而在根本上牺牲未来、牺牲广大。

其次，对社会造成极大的危害。在当代，“心胸狭窄”已成为大部分人的通病之一。人类之间的非理性的争斗、残杀，都是“我执”的表现。由于固执己见，各种各样的“我执”，已经成为制约我们人类发展的根本原因。

这些“我执”主要体现在：

社会方面的“我执”——经济至上主义（牺牲人性等）；

学问方面的“我执”——科学至上主义（牺牲良知等）；

空间方面的“我执”——是片面的集团至上主义（如侵略他国的国家主义、牺牲环境的人类主义）；

时间方面的“我执”——现在掠夺主义，掠夺性地预支未来的资源。

“我执”，实在是生命的最大枷锁。如果不能打破这重枷锁，生命就不可能丰盈，心灵便不可能广大，人类就会越来越作茧自缚。人会因此而感到凡是“我”想的理所当然是对的，凡是“我”要的理所当然要得到，“我”理所当然高于一切、优于一切。这样，不可避免地产生偏执、征服欲、痛苦、贪婪、怨恨。人心成了炼狱，人间成了地狱，各种无明的痛苦、烦恼乃至罪恶也就全都出现了。

实际上，“我”怎么可能优于一切、高于一切呢？众生平等，不能以平等之心对待别人，别人也不能以平等之心对待你。以恶对恶，以自私对自私，开始了与恶自私的恶性循环，人因此而难逃无明的苦海。

埃克哈特·托利：“我执为了确保它的存续，为了从未来寻求解脱和实现，便不断地把自己投射到未来。即使我执好像在关切当下时，也不是它所看到的当下：由于它通过过去的眼睛看当下，所以它曲解了当下的意义。”

放下我执是人生的一个修炼目标，只有放下我执才能打破无明，不被外物所制，摆脱种种困境。那么，怎样放下我执呢？

我们可以用禅修空性的方法了悟我们经验到的所有事物上的虚假特质是存在的，以此来放下我执，打破无明，让心得到彻底的转化。如果真悟了空性，一切问题就会解决，它可以说是一种综合的对治法，是最具威力的灵药。

1. 开始觉察“我”

先以观呼吸法让自己放松，平静心神。然后以密探般的警觉，开始慢慢地、仔细地觉察“我”：正在思考、感觉、进行禅修的是谁？或者是什么？

“我”是什么样子？具有什么特质呢？

“我”是自心创造出来的吗？还是独立存在的实体吗？本来就有各种特质吗？

2. 继续寻找“我”

试着把“我”找出来。我在头部、胸部、腹部、手臂上还是在腿脚之上？仔细检视身体的各个器官、血管和神经。我在那儿吗？检视细胞、原子等微小的粒子。有我吗？如果我们意外失去身体某个部分，我们会发生什么事情呢？如果死亡降临，我们又会到哪里去呢？

我们的心念从未停止，如果我们的心就这个“我”，那么在所有这些经验中，哪一种才是“我”呢？如果“我”就是其中的某一种经验，那么当这种念头消失时，“我”又去了哪里呢？难道存在许多不同的“我”吗？

在心里把自己的身体分解开来，然后，把我们的心也加以分解，每一个念头、感觉、官感、概念也如原子一般飘浮开来……再次检视一下对“我”的感觉——“我”在哪里？“我”是什么？

我们的身体不是“我”，我们的心也不是“我”，那是否意味着我并不存在呢？答案是否定的，虽然我们不能找到这个“我”，但我们并不能因此得出这样的结论。我当然是存在的，只是并非以直觉上所感到的那种方式而存在，并不是一个独立、固有、自居的属性的事物。自我只是依存于身和心的，组合成为概念性思维中的“我”或“自我”等名称归属的根本，也就是正在进行修禅的那一个我。

世界上所有的事物，无论花草虫鱼、飞禽走兽，或者沙土扬尘、高山流水，都是因彼此互相联系而存在。在了解了这种万物的互依互存之后，也就直接促成对于事物的究竟本性，亦即空性的了解。也就是说，一切事物具有的都是与他物依存关系的本性，事物的存在不具有自成、固有、独立的特性，都是空性的存在。

了解了这一点，我们再回过头来思考一下，我们所谓的身体是如何存在的，以及身体存在必须依赖的皮肤、血液、骨头、器官等。同样的，这些组成部分又各自依赖其他组成部分而存在。这样一级一级地思考下去……最后，思考我们的心是如何依赖想法、感觉、概念、官感而存在的。

接着，请回到对自我或“我”的感觉上，分析一下我们是如何存在的，我们必须依赖身、心与名称——这些就是自我的组成部分。固有存在的我并不存在，这就是自我的空性。

在练习结束前，对我、自我的存在形态得出一个结论。我们会更深地体会《金刚经》里所讲的："无我相、无人相、无众生相、无寿者相。"

庸人自扰，自寻烦恼；愚人自缚，自绑手足。这是世间不断上演的悲剧。我们常常将拥有的一切赋予"我"的错觉，进而执着于它，最终衍生出无穷无尽的苦痛。放下了颠倒的我执，也就从根源上放下了其他一切颠倒执着。也只有放下我执，才能驱散遮蔽心灵天空的浮云，打破无明；才能使生命恢复清净无染的本来面目，拥有真实的幸福与快乐。

杨安谈无明

☆ 无明是心智的漫漫黑夜，没有月亮、没有星星的黑夜。

☆ 不知道自己无明，是双倍的无明。

☆ 无明会使精神因缺乏营养而萎缩、衰败。

【第二章】

心空无物镜台明，去虚觅实少烦恼

一切表象皆幻相，它的最大特征就是变化。无论是耳听也好，眼见也罢，都还止于表象，没能透彻地洞察明了世界的本质。只有用一颗不执着于物、不被世事所牵动的无我之心，我们才能从假象中、烦恼中解脱出来，真正享受到超然自在的快乐人生。

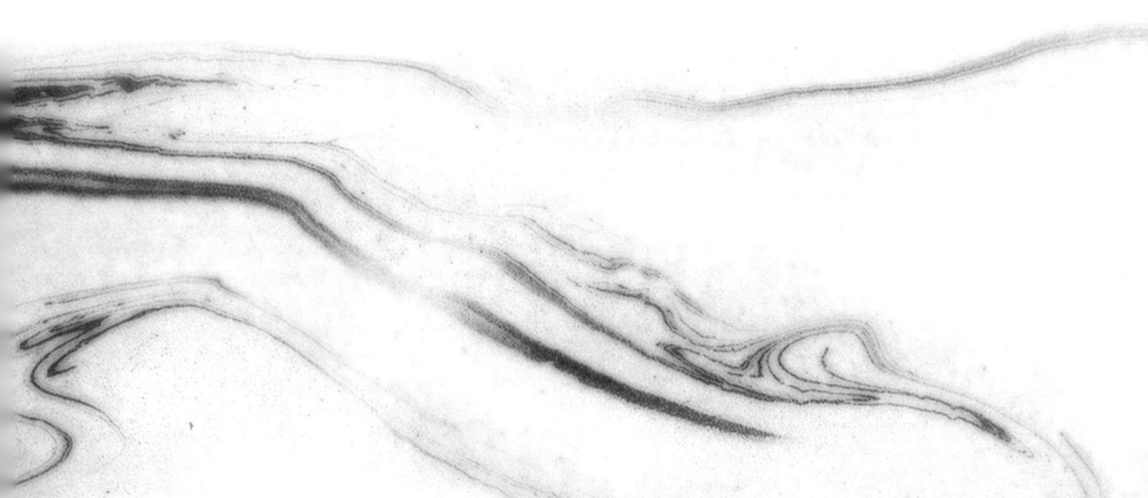

白马非马，让人们生烦恼的是一些知识与概念

在我国古代春秋战国时期，学术分化，思想分流，百家争鸣。在诸子百家当中，有一个以纯粹思辨、玩弄语言概念著称的派别——名家。名家的代表人物公孙龙，以一个响当当的诡辩命题著称于世，这个命题是：白马非马。

所谓白马非马，就是白马不是马。白马不是马，听起来好像是胡扯。对于我们一般人来讲，说“白马是马”就如同说“张三是人”一样，清楚明白，准确无误，怎么可以说“白马非马”呢？但是公孙龙却有一番说辞。他是分三个步骤来论证的：

第一个论证是：白马，是就颜色来谈的。这一点，让它与黑马、黄马区别开来。而马，则是就其形状、种类而言的。这一点，让马与牛和驴区别开来。“马”这个概念的内涵是马的形状；而“白”这个概念的内涵是一种颜色。如此一来，一个说明颜色的概念怎么能和一个说明形状的概念等同呢？所以，白马非马。

第二个论证是：如果我们说要一匹马，那么，无论是牵一匹白马来，还是牵一匹黑马来，都能满足我们的要求。但是，如果我们说牵一匹白马来，那么，我们就只能牵一匹白马来，牵黑马和黄马来肯定是无法满足要求的。看来，“马”这个概念是不管颜色的，而“白马”则必须限定颜色。一个对颜色有要求，一个对颜色没有要求，所以，白马非马。

> 第三个论证是："马"的内涵与"白马"的内涵是不同的。马的内涵，是一切马的本质属性。正是这种本质属性，使得"马"与"非马"区别了开来。"马"的这种本质属性并不包括颜色。而"白马"的内涵是"马"的本质属性再加上"白"这种性质。所以说，使马成为马的东西和使白马成为白马的东西是不同的。也就是说，"马"的内涵和"白马"的内涵是不对等的。所以说，白马非马。

"白马非马"是中国哲学史上一个重要的命题。争论的关键是对"马"和"白马"的内涵与外延的认识。只有当某一概念的内涵被确定后，它的外延才能相应被确定。内涵是概念的质的方面，它说明概念所反映的对象是什么样的。白马的内涵反映的是马的本质；外延是概念的量的方面，它说明概念所反映的对象有哪些特点，白马的外延是颜色。

概念的内涵和外延是相互依存、相互制约的。当某一概念内涵被确定后，其外延也就相应被确定。公孙龙的错误在于颠倒了内涵和外延的关系，他认为白马的内涵是指一种颜色，而马指的是形态，形态不等于颜色，所以白马不是马。用事物概念的基本物质分析一下白马的内涵和外延就不难看出，公孙龙的争辩就只是一种诡辩了。

虽然，这是一种诡辩，但是无论是古代还是现代，人们都常常会以自己的知识和概念去看待生活，衡量世事；常常会以信息的部分内容为中心，进而推论全体。正是这些固有的片面的知识和概念使人们产生了连绵不绝的烦恼，种种障碍因此而来。

人类的已知碍——这是人类普遍具有的一种很不好的习惯，但人类往往没有注意到，并且积习良深，固执难改，还认为这是对的，是理所当然的。

什么叫"已知碍"？就是已有的知解使我们产生了烦恼，成为了我们获得幸福快乐的障碍。

为什么已知的知识和概念还会障碍我们？有的朋友或许会奇怪地问："境界阻碍我，六根阻碍我，我已知的知识、概念还要阻碍我？"对，已知的知识、概念还要阻碍我们。为什么？因为人都喜欢用已知的识去知解未知的存在。

人类知解的规律是什么？是喜欢以已知来解未知。人们总是以自己已知的东西来衡量、测度那个未知的东西。人们总是爱先入为主。

你给我说一个新东西，我就要先用我的知解去衡量一番，看你说的这个东西符合不符合我的理解。如果符合，那就有道理；如果不符合，那就不行，那就没有道理。

不理解而信是盲目，不理解而反对也是盲目，都是落执。宇宙如此之大，一个人穷尽一生又能知道多少？

从前，有五个盲人很想知道大象长什么样子，于是他们相约来到王宫，希望国王可以满足他们的要求。善良的国王听了，欣然应允，并命人牵来一头大象。

于是，几个盲人高高兴兴地各自朝大象走了过去，大象实在太大了，他们有的摸到了大象的牙齿，有的摸到了大象的耳朵，有的摸到了大象的腿，有的摸到了大象的身子，还有的摸到了大象的尾巴。国王看他们都摸得差不多了，便让他们每个人说说大象的样子。

第一个盲人摸着大象的牙齿说："大象就像一个又大又粗又光滑的大萝卜。"

第二个盲人摸着大象的耳朵说："哪里，大象又宽又大又扁，明明就像一把大蒲扇嘛！"

第三个盲人摸着大象的腿说："你们俩说得都不对，它明明又圆又高，像根大柱子。"

第四个盲人摸着大象的身子说："大象又厚又大，就像一堵墙。"

第五个盲人摸着大象的尾巴说："你们说得都不对，大象根本没有那么大，它只不过是一根草绳。"

盲人们吵吵嚷嚷，争论不休，都说自己摸到的才是大象的样子。国王笑着说："你们都错了！你们所说的都只是一部分。"

听国王这么一说，瞎子们都不敢再讲什么了。但心里都认为自己这是亲手经验的，绝对不会有错，而认为别人说的都是错的。于是那个错误的经验就牢牢地树立在他们心中，再也拔不掉了。就这样，这些瞎子终其一生都不能真正地了解大象的形状。

我们提倡实践，提倡总结经验，那是就自然和社会的现象认识而言，而自然和社会按照般若智慧来看，本来就是空的，无论你有多少经验和多少实践，你仍旧是在解释世间的某一现象。世间那么大，我们的生命那么短，不能以我们自己的认识作为整体的认识，因为我们未知的世界还很大。即使现在科学技术飞速发展，那也是对某一方面的认识，而且这个认识还是不断前进的，新的认识会不断推翻旧的结论。

所以，不要让固有的知识和概念拦住了你去探求生命的真理。生命轮回就是起源于根本无明，即是邪知邪见，阻碍了正知正见，而不明本觉真如之理。

有句话叫以尺量天，尺能量天吗？防已知碍，就是不以尺量天。防已知障，不是不读书，不学习，而是要明白，一个人的知识及经验，是极有限的，放在时空中一衡量，何止沧海一粟，如果你故守一方，以为自己的一套“战无不胜”，那一定是失败的开始。因此，从书本中学习，从实践中学习，在学习中反思，在学习中进步，是永无止境的。

只有这样，我们才能在生活中避免白马非马的知识和概念错误，消除已知障的烦恼，增强对万事万物本质的洞察力，进而在不断地探索中，认识自我、完善自我、超越自我。

杨安谈无明

☆ 犯错误不可怕，可怕的是不能及时觉察和纠正。

☆ 人不光是靠他生来就拥有一切，而是靠他从学习中所得到的一切来造就自己。

☆ 在寻求真理的长征中，唯有勤奋、好学、创新，才能越重山，跨峻岭。

知道的越多，烦恼就越多

在美国有一则新闻报道：在公路上有两辆车因为发生了擦撞，两位驾驶员一言不合，就在道路边上打了起来，这两位驾驶员，一个是普通人，另一位则是知名的空手道冠军。看到这里请你猜一猜他们两个谁打赢了？

相信所有人都会认为一定是空手道冠军赢了。

而实际结果却让人们大跌眼镜，打架的结果是空手道冠军输了。

这样的结果隔天登上了美国头版新闻。报社的记者在标题上注记了空手道冠军输的原因："空手道冠军有一个习惯，就是不打头部，腰部以下也不打。"可是没有学过的人，不会受到这种制度与规定的束缚，直直的一拳就击在空手道冠军的鼻梁上，让冠军就此倒地不起！

这条消息不禁引起了人们的思考，有人得出了如下结论：人知道的越多就越有习惯思维，那么他思考问题时，就会不自觉地跟着习惯思维走了。

无独有偶，美国科普作家阿西莫夫曾经讲过一个关于自己的故事：

阿西莫夫从小就聪明，年轻时多次参加"智商测试"，得分总在160分左右，在"天赋极高者"之列，他一直为此而洋洋得意。有一次，他遇到一位汽车修理工，是他的老熟人。修理工对阿西莫夫说："嗨，博士！我来考考你的智力，出一道思考题，看你能不能回答正确。"

阿西莫夫点头同意。修理工便开始说思考题："有一位既聋又哑的人，想买几根钉子，来到五金商店，对售货员做了这样一个手势：左手两个指头立在柜台上，右手握成拳头做出敲击状的样子。售货员

见状，先给他拿来一把锤子；聋哑人摇摇头，指了指立着的那两根指头。于是售货员就明白了，聋哑人想买的是钉子。聋哑人买好钉子，刚走出商店，接着进来一位盲人。这位盲人想买一把剪刀，请问：盲人将会怎样做?”

阿西莫夫顺口答道：“盲人肯定会这样。”说着，伸出食指和中指，做出剪刀的形状。

汽车修理工一听笑了：“哈哈，你答错了吧！盲人想买剪刀，只需要开口说‘我买剪刀’就行了，他干吗要做手势呀？你知识太多了，脑子不够用了。”

智商160分的阿西莫夫，这时不得不承认自己确实是个“笨蛋”。

其实，并不是因为阿西莫夫的知识太渊博，反应迟钝、不灵敏了，而是因为人的知识和经验会在头脑中积累形成一种定式。这种思维定式会束缚人的思维。会使人习惯于用旧有的、常规的模式去思考和处理问题，往往会因此而走入思维的“死胡同”。于是，越有因“知道”而产生的经验定式，就会越有烦恼。

从幼儿、童年、青年到成年，我们看到的、听到的、感受到的、亲身经历的各种各样的现象和事件，种种经验都进入我们的头脑而构成了丰富的“知道”。

在一般情况下，“知道”是我们处理日常问题的好帮手。只要具有某一方面的“知道”，那么在应付这一方面的问题时就能得心应手。特别是一些技术和管理方面的工作，非要有丰富的经验不可。老司机比新司机能更好地应付各种路况；老会计比新会计能更熟练地处理复杂的账目。正因为如此，在各类招聘广告上，经常要特别注明“三年以上实际工作经验”之类的话。

经验与创新思维之间的关系具有两重性。一方面，随着时间的推移，我们的经验具有不断增长、不断更新的特点，从而有可能使我们看到“知道”自身的相对性，在看到“知道”在某些方面取得成功的同时，经过

“知道”之间的比较而发现其局限性，进而开阔眼界，增长见识，使创新思维能力不断提高。在有的场合，“知道”本身具有一定的创新性。

另一方面，“知道”又具有相对稳定性。“知道”的成功在某种意义上往往导致人们对“知道”的过分依赖甚至崇拜，形成固定的思维模式，即思维定式。其结果是削弱大脑的想象力、创造力。当一个人形成了经验思维定式后，那么他在思考问题时，就会很自然地用他的“知道”的思维定式来考虑问题，而且会表现得越来越依赖，疏于思考，逐渐失去了应有的判断力。可以说，思维定式就像一个陷阱，对于一个人的创造性来说，无异于致命的打击。它常使人们囿于一种两难选择之间，或者被困在一个看似走投无路的境地，烦恼重重。

“知道”的思维定式形成的原因是多种多样的，分析原因将有助于我们突破思维定式障碍。

1. “知道”的思维定式形成的主要原因

（1）已有知识经验的干扰

贝弗里奇在《科学研究的艺术》一书中深刻而中肯地论述道：“几乎在所有的问题上，人脑有根据自己的经验、知识和偏见，而不是根据面前的佐证去作判断的强烈倾向。因此，人们是根据当时的看法来判断新设想。”人们在认识事物时，如果对事物的本质属性理解不深，容易被非本质属性所迷惑，由于已有知识经验的积累限制，对后面的新知识容易产生思维障碍。

（2）已有认知策略的干扰

（3）新知识对旧知识的后摄干扰

（4）总是按照固定的思路（模式）处理所有问题

心理学实验表明：某种单一的信息反复刺激大脑，就会产生思路上的惯性，势必造成知觉偏差，易导致定式的消极效应、无限缩小等。大家只认定一个答案，这就是习惯性思维的弊病。它禁锢了人的思维，束缚了人的想象力，扼杀了人的创新意识。

2. 突破“知道”的思维定式障碍的方法

如何才能有效地突破“知道”的思维定式的障碍，使个人的创造性思维活动积极地开展起来呢？应该从如下几方面下功夫：

（1）培养积极的心态

主动进取，积极思维，并且有自觉克服定式的心理准备，那就有利于建立、发展、强化积极的思维定式，就能达到突破“知道”的思维定式，建立富有创造活力的思维目的。同时，培养积极的心态，还需要勇于正视自己，正确地看待自己和别人。一般说来，人们容易看到自己的优点，归功于己；看别人却往往会看到缺点，求全责备于人。这是一种心理学现象，我们应该注意克服它。

（2）要不断地学习

掌握新的知识，广泛接触新的学科，为建立新的思维模式打下坚实的基础。一个人如果仅仅满足于一己之见、一得之功，不能自觉地接受新的知识和新观念，就会把自己永远禁锢在过去经验和知识的窠臼里，无法获得创造性的成果。只有不断接受新知识，努力扩大自己的知识面，才能使自身的创造潜能发挥出来。

（3）要有批判的精神

要突破原有的思维定式，就意味着对原有的经验、知识和观念的重新检讨和认识。这其中批判精神是实现这种突破的必要条件。只有打破常规，大胆怀疑，严谨批判，才能突破已有的知识局限，由已知进入未知，或把已知变为具有未知因素的待探索的事物。

（4）要突破“知道”的固定思维方式和方法

人们对于相似刺激往往容易产生泛化，这就要求应用求异的规律进行思维。

（5）掌握一些具体的思维方法和技术

掌握一些有关思维的方法论和技术很重要。下面列举几种方法。

①比较扫除障碍法。有比较才有鉴别，有鉴别才能避免定式的负效

应，把干扰及时消灭于萌芽状态之中。通过比较分析，可以找出异同、发现问题，对知识的可利用因素和易混的因素进行辨析分化，这是最有效的方法。

②反思法。形成反思与评价的习惯，善于从策略上、方法上评价与反思，可不拘常规、不死套模式，加速思维的优化与畅通。

③变通思维训练。我们常说“穷则思变”“变则通”“随机应变”“举一反三”等，这些词语实际上都表达了一种思维方式，叫变通思维。变通思维是指不同分类、不同形式的思维转换运用，即从这个思维角度转换成另一个思维角度。变通能够让我们的思维灵活起来，从而可以触类旁通，不局限于某一方向，不受消极思维定式的桎梏，从多方面选择和考虑问题，越过思维定式的障碍。克服“知道”的思维定式的最佳途径是进行变通思维训练。

总而言之，我们的生活已经被“知道”层层包裹住了，“知道”的思维定式越多，越会局限一个人的选择范围，还会剥夺更多学习、感悟新经验的机会，并在很大程度上抑制了我们的激情，使我们的烦恼也随之越来越多。

法国作家臭泊桑说过：“应时时刻刻躲避那走熟了的路，去另寻一条新的路”，这是“制造生命的唯一法门”。美国著名的贝尔实验室里树立的贝尔雕像的下方写着贝尔留给后人的警句：“有时，需要离开常走的大道，潜入森林，你就肯定会发现前所未见的东西。”

要想使生命力不越来越衰弱，要想烦恼不会越来越多，就要努力突破自己的“知道”的思维定式。当我们积极地突破定式，在生活的各个方面都主动创新时，我们爆发的创造力也会将一个崭新而幸福的前程呈现在我们眼前。

杨安谈无明

☆ 创新是思维的生命力。

☆ 作了茧的蚕，只能束缚自己，却看不到茧壳以外的世界。

☆ 成为自己生活的旁观者，可以帮助我们避免生活中的一些烦恼。

“智慧”有时恰恰是滋生烦恼的种子

《道德经》上有句经典名言：“知人者智，自知者明。”意思是说：能够了解他人的人是有智慧的，能够了解自己的人是高明的。智，是自我之智。明，是心灵之明。“知人者”，知于外；“自知者”，明于道。智者，知人不知己，知外不知内；明者，知己知人，内外皆明。明，是对世界本质的认识；智是显意识，形成于后天，来源于外部世界，是对表面现象的理解和认识，具有局限性和主观片面性。正因为这种表象的理解和认识所具有的局限性和主观片面性，才使智慧成为了滋生烦恼的种子。

心理学研究发现，人们在日常生活中总会不自觉地把自己的心理特征归属到别人及外部世界上，以己度人，认为自己具有某种特性，别人也一定会有与自己相同的特性，从而把自己的感情、意志、特性投射到他人身上并强加于他人。心理学家称这种心理现象为“投射效应”。

投射效应是很常见的心理现象。我们常常错误地把自己的想法和意愿投射到别人身上，这就好比一个纯真善良的人，会以为别人都是善良的；一个经常算计别人的人，就会认为别人也不怀好意；一个喜欢嫉妒别人的人常常会把别人行为的动机归纳为嫉妒，觉得别人是在嫉妒自己；自己喜欢的人，就以为他也喜欢自己。而父母也总是以自己的想法为子女设计前途，选择学校和职业。

有一次，联合国的一位亲善大使去非洲某个国家进行考察。回来后他宣称，那里的人们是全世界最差的人。因为，海关人员总是板着僵硬的脸，计程车司机的态度很蛮横，餐厅侍者待人傲慢无礼，市民接人待物显得极不耐烦而又满怀敌意……

后来，这位亲善大使偶尔看到这样一句话："世界是一面镜子，每个人都能在其中看到自己的影像。"看后他恍然大悟，他眼中的这个国家，原来就是潜藏在心中的自己的影子。于是，当再次去那个国家时，他改变了自己的心态，一路上都微笑着。结果，他竟然看到一个全新的国家：海关人员、计程车司机、侍者和市民，人人都面带笑容，个个都亲切友善。

的确，人们的知人之"智慧"总是建立在投射效应上。认为自己是这样想的，他人也应该有同样的想法，并试图通过自己的想法，去影响他人，但结果往往是事与愿违。

有这样一个笑话：有一天晚上，一个年轻人的汽车在漆黑偏僻的公路上抛了锚，年轻人翻遍工具箱也没找到千斤顶。这条路很偏僻。很难有车子经过。这时，他远远望见前方有一座亮着灯的房子，于是决定去那家借千斤顶。在路上，他非常担心，不停地想着："如果没有人来开门怎么办？要是开门了没有千斤顶怎么办？要是那家伙有千斤顶，却死活不肯借给我，又该怎么办？"顺着这种思路想下去，他越想越失望，越想越生气。

当走到那间房前敲开门时，主人刚一出来，他就冲着人家劈头盖脸地骂了一句："借你一个破千斤顶有什么了不起的！"主人半天摸不着头脑。说了一句"神经病"就把门关上了。

通过这个笑话我们可以看出，投射效应具有很强的威力，它会阻碍人与人之间进行良好的沟通，导致很多事情无法顺利地开展。

心理学实验者曾在一家出版社的选题讨论中做过这样的实验。参与实验的研究者说："为了更有效地影响受众关注我们出版社，你们策划出自己认为是最重要并且最具有影响力的一个选题。"但最终的结果却出现了下述有趣的现象：

正在攻读第二学位的某编辑认为，现在是知识竞争的时代，每个人都在试图获得高等院校以及更高的学历证书。所以，他的选题为《怎样写毕业论文》。

一个正在准备将女儿送到幼儿园的女编辑认为，中国一向有“教育是先机，教育孩子应该从娃娃抓起”的教育理念。所以，她的选题是《学龄前儿童教育丛书》。

一个正在托朋友办事情的编辑认为，任何人做任何事情首先要获得他人的鼓励、支持、帮助才能够成功，所以，他的选题是《教你影响朋友的法则》。

一个特别爱好围棋的编辑认为，现代人们的生活压力大，需要适当地放松紧张的情绪。所以，他的选题是《棋路分析》。

心理学上认为，这些编辑的选题都各自有各自的道理，但是通过他们的经历、喜好、观念和所做选题的关系，能够发现这样的一种规律——他们在做选题的时候，往往是参考了自身的需要，也就是说受到心理学中“投射效应”的影响。

有很多时候，我们总是对别人的看法和行为不理解。其实，当你觉得某个人的想法“大胆而不可思议”的时候，恰恰是因为自己不敢去冒险。还有，当你感到某个人不应该那么“固执”时，很有可能正是因为你自己太容易妥协……其实，当你说别人“不可理喻”的时候，往往正是因为你自己不可理喻。“投射效应”就是告诉人们，人心是各不相同的，切莫以己心去度人。这样的知人之“智慧”很多时候只能是误导自己，给自己滋生烦恼。

具体讲，投射效应有以下三种表现。

第一是相同投射。在与陌生人交往时，因为互相不了解，相同投射效应特别容易发生，通常在不知不觉之中就已然从自我出发作出判断。自己感到热，以为别人也闷热难耐以致客人来了就大放冷气空调；自己爱喝酒，招待客人就推杯换盏猛劝酒；有的老师在讲课时，对于某些概念不加说明，以为这是十分简单的基本常识，学生们应该了解和熟悉，但是，在老师看来很简单的东西，在学生看来则不一定简单。这种投射作用发生的主要机制在于忽视自己与对方的差别，在意识中没有把自我和对象区别开来，而是混为一谈，认为他人也跟自己一样，从而合二为一，对对方进行了自我同化。

第二是愿望投射。即把自己的主观愿望强加于对方的投射现象。认知主体以为对象正如自己所希望的那样。比如一个自我感觉良好的学生，希望并相信导师对他的论文给予好评，结果他就会把一般性的评语都理解成赞赏的评价。一个小伙子要是看上了一个漂亮的姑娘，并且希望对方爱自己，则很可能把对方一些无意识的行为和言语看成寓意深刻而富有情意的爱的举动，以为对方爱上了自己。

第三是情感投射。一般说来，人们对自己喜欢的人越看越觉得有很多优点；对自己不喜欢的人，则越看越讨厌，越来越觉得他有很多缺点，令人难以容忍。因而人们总是过度地赞扬和吹捧自己喜爱的人，而严厉地指责甚至肆意诽谤自己所厌恶的人。这种现象在爱情生活中表现得十分明显。有的人在爱得入迷，对情人如醉如痴时，就会越觉得对象可爱。这是一种特殊的审美效应。它说明，当认知者对对象具有强烈的友好和爱慕之情时，就美化对象的形象，把自己的情感投射到对象身上，对象的一切都成为美的特性。这种人一旦自己被对方抛弃就可能大肆攻击对方、把一些不好的特性强加到对方头上。失恋者一般来说是恨对方的，把这种痛恨之情投射到对方身上，就变成一些可恨的特点。因而，就易于丑化对方、诬蔑对方。

情感投射效应与愿望投射效应是互相关联的，每一个人都希望自己所喜爱的对象是美好的，而认为自己所讨厌的对象是丑恶的，于是，在强烈的情感状态中，就把自己的愿望和看法当作对方的实际特点。

知人之“智慧”若不能避开不知不觉中给我们滋生种种烦恼的投射效应，会带来诸多的认知偏差和对别人人格的歪曲。因此，在生活中我们需要注意以下几点。

1. 客观地认识自己

客观看待人和事是一种真正的大智慧，我们至少要学会分清自己和他人，做到严于律己，宽以待人，尽量避免以自己的标准去衡量他人。

2. 多角度思考问题

站在对方的立场和角度来看问题，避免单方面地将自己的特性、喜好投射给别人，认为他人具有与我们相同的特性与喜好。

3. 接受自己并不断完善自己

投射效应是任何人都会遇到的，只要客观地评价自己，接受自己，培养良好的交往品质和习惯，不断消除认知偏差，自然就能正确地识人，然后放心地与其交往。

4. 变个角度，换个思维

了解别人的方法，需要经过思考来印证。因为通过思考，我们才不致被其外在的行为表现所蒙蔽或误导，而错误地以自己的想法投射他人。因此，下一次，当你对他人做出某种结论的时候，不妨换个思维想想，考虑一下这个结论是否受到了自己经验或思维的某种干扰。

5. 设身处地，具有同理心

每个人的生活环境、社会地位、受教育程度、自身个性、生活需求等都不尽相同，这也必然决定了每个人在思维和行为上的不同。不要总是站在自己的角度去看待别人，而应该有一颗理解他人的心。从他人的角度看问题，便能够避免在判断别人时，只单方面地将自己的特性、喜好投射给别人，认为他人具有与我们相同的特性与喜好。

6. 与他人沟通，全面了解

当觉得自己和别人的想法格格不入的时候，你不妨与对方开诚布公地进行沟通，了解他的想法，他为什么要这样说、这样做。当你了解了他人，你会更好地理解他人，这将会为你缓解并减少人际交往中的不少矛盾。请记住：只有以真诚的沟通来代替猜疑和假想，用客观的了解来代替主观的认知，才能够了解事实的真相。

深陷在投射效应中的“智慧”使人缩小了自己的思想视野，限制了自己对客观世界的正确认知。因此，我们在思考问题的时候，要尽量地避免投射效应，极大地避开投射效应对我们所产生的不利影响。如此，才能拥有真正的大智慧，正确了解他人，正确认知客观世界；才能使诸多烦恼失去滋生的温床，使更多幸福快乐像明朗的阳光一样时时照进我们心房。

杨安谈无明

☆ 细心地观察，能更好地理解；努力地理解，能更好地行动。

☆ 对于不了解的事情，所有的看法都是自己内在的投射与显现。

☆ 无论何时，要想摆脱令人烦恼的胡思乱想，好书籍都是和蔼可亲的好助手。

大多数人的人生是“概念式”的“拼盘人生”

每天我们都要与许许多多、形形色色的人打交道，如家人、邻居、同事、商贩、医生、乘务员，等等。为了更快速、有效地认识与应对他人，人类一个基本的认知策略就是分类。就像是把植物分为花、草、树、蔬菜等一样，我们也会按年龄、性别、职业、出生地等把人分成各种社会群体。

在大多数国家，性别、年龄、种族、社会地位、文化背景都是划分群体的重要特征。一个个体可以按不同的标准划入不同的群体中。所以，在日常生活中，陌生人见面第一句话往往是：“您是干什么工作的?”“您是哪地方的人?”

毛泽东的《实践论》中说：“社会实践的继续，使人们在实践中引起感觉和印象的东西反复了多次，于是在人们的脑子里生起了一个认识过程中的突变，产生了概念。”正是这种概念式的分类，社会才会被分为各种群体，概念式的刻板印象才会形成。于是，大多数人的人生就难以避免地成为了“概念式”的“拼盘人生”。

概念式刻板印象是人们对某一类人或事物产生的比较固定的、概括而笼统的看法，是人们在认识他人时经常出现的一种普遍现象。

在现实生活中，我们经常会听到这样的趣事：一提到商人，人们马上就会想到“唯利是图”的奸商；一提到老鼠，又会马上想到“老鼠过街人人喊打”。其实，商人未必都是奸商，老鼠过街也并非人人都要喊打。那么，为什么在人们心中会出现这样的想法呢？就是因为概念式的刻板印象在人们心中的存在。

有这样一则笑话：

> 有一个人初到美国，一天早晨去公园锻炼身体。当他看到几个白种人坐在草地上悠闲地聊天时，他便感慨道：“美国人真会享受生活啊!”又跑了一段路程后，同样看到几个黑种人也坐在草地上聊天，他便又感慨道：“黑人失业的问题确实很严重，这些人大概全靠领取社会救助金过日子吧!”

看到这里，很多人都会忍不住地发问：“这位初到美国的仁兄为什么会把同在公园草地上聊天的白种人和黑种人的生活想象得截然不同呢?”其实有一点是可以理解，因为在美国存在着严重的种族歧视，这在全世界每个人心中都是不争的事实。

所以，一想到白种人的生活，映入脑海的一定是富裕悠闲，一想到黑种人的生活，就会联想到贫民窟和救济金。其实，这是一种典型的概念式刻板印象。关于概念式刻板印象的由来，心理学家做过这样的实验：

某心理学家在某大学随机抽出了20名大学生为实验对象。把他们以10人为一组，分成甲乙两组。他让助手给甲乙两组实验者出示同一张照片。

接着，让助手告诉甲组：照片上的人是一个十恶不赦的杀人犯；告诉乙组：照片上的人是一位知识渊博的科学家。最后，心理学家让两组人分别用文字来对照片上这个人的相貌进行描述。

实验结果：甲组中有人这样描述道：此人深陷的双眼表明其内心充满邪恶，突出的下巴昭示着他有沿着犯罪的道路越走越远的内心……乙组中有人这样描述道：此人深陷的双眸表明其思想的深度，突出的下巴表明他在求知的道路上不畏艰难险阻的昂扬斗志……

同一个人，仅因为评论者之前得到的关于此人的身份不同，从而造成如此截然不同的评价。这就是概念式刻板印象对认识他人过程中产生的巨大影响。

概念式刻板印象的形成主要通过以下两种途径。

第一是个人的亲身经验。途径一：当人们第一次与一个群体接触时，他们与一两个成员的互动就构成了刻板印象形成的基础。即使人们与一个群体内多个成员互动，以便形成准确的、无偏差的印象，但互动结果也会产生夸大了的、不准确的刻板印象。

原因有二：首先，由于新奇的、极端的、突显的刺激容易引起人们的注意，所以，一个群体中特殊的成员对刻板印象的形成有着重要的影响。其次，一个群体所做的行为对我们的认知起着很大的作用，但一个群体的社会角色往往限制了我们所看到的行为。也就是说一个群体所承担的社会角色、所要完成的工作往往决定了他们要如何做。如一个医生就要耐心地照顾病人。而且，人们常根据个体的外在行为来推断个体也具有相应的内在人格特质。这种对应推断的过程在刻板印象形成中也同样适用。所以，人们就把群体成员在一定的情境（如工作场合）中根据他们所承担的社会角色、所从事的行为当作他们内在品质的流露与表现，认为他们真的像行为所表现的那样，如医生都是有耐心、有爱心、爱整洁的，女性都是以家庭为重的，男性都是以事业为中心的。正因如此，对群体的刻板印象极有可能是不准确的。

途径二：概念式刻板印象的形成不一定总是依据个人的亲身经验，也可以从父母、老师、同学、课本及大众媒体等种种学习的途径习得。

心理学家经过研究后表明，在下列情况下人们易唤起及使用概念式刻板印象。

1. 类别特征明显

一个人的类别特征越明显，与此类别相联系的刻板印象越易浮现在别人脑海中。如一个女人的长相越甜美，穿着越女性化，人们越易把她知觉为具有女性特征（如温柔、贤淑）的女人。

2. 可互换的群体成员

对待匿名的、可互换的群体成员易用刻板印象知觉他们，从而忽略了个人特征。我们在日常生活中常有这样的经历，到某一饭店吃饭时，有一位穿制服的小姐来打招呼，记下点的菜，送上碗筷、茶水。等我们想再多加一个菜时，看着穿梭着的、穿着制服的小姐，都不知刚才那位是哪一个。

3. 快速判断时

当时间紧迫，需快速对他人作出判断时，易使用刻板印象。

4. 所获信息复杂时

当所获得的信息很复杂，不易分析加工时，也易使用刻板印象。

5. 情绪极端时

当人们处于极端的情绪状态，如勃然大怒时。

6. 判断不重要时

当人们意识到对个体的判断不太重要，人们也许不会进一步收集有关个体的信息，而是只用有关群体的刻板印象来认识个体。

概念式刻板印象作为关于各个群体的概括性知识牢固地储存在我们的记忆中，一看到或听到有关群体类别的线索，如一个群体的名称，一个人的年龄、性别、职业、籍贯、方言等，有关相应群体的概念式刻板印象就会自动浮现在脑海中。

所以，使用概念式刻板印象的好处就是能快速地了解一个陌生或不太熟悉的人或群体的特征。

但概念式刻板印象的使用也有弊端：一是它夸大了群体内成员间的相似性，从而对个体的知觉产生以偏概全的偏差；二是它夸大了群体间的差异性，容易产生偏见与歧视；三是它部分与事实不符，甚至有的是错误的，使人在面对各种抉择时，做出错误的判断和选择。

虽然概念式刻板印象有如此多的弊病，但是改变它并不容易。因为人们常常会不自觉地使用一些方法来抵制概念式刻板印象的变化。也就是说，即使当人们获得了与一个群体的概念式刻板印象完全不同的信息，人们仍然不愿改变原有的印象。那人们是怎样对待那些不一致信息的呢？

首先，把不一致的信息解释掉。当人们获得与自己的期望不一致的信息（如一位白人发现与他打交道的黑人并不粗鲁、暴躁）时，就会去找原因。但人们通常把这种不一致的信息归于特殊的环境（如是在一个重要的酒会上见到这位黑人的），认为这种信息不是行动者真实品质的反映。

其次，把不一致的信息区隔开来。当不一致的信息不能被解释掉时，人们就会把一个社会群体进一步分成各个亚群体，如把黑人分成有知识、有教养的黑人与无教养的黑人，然后把不一致的信息归属于其中一个特殊的亚群体，从而保持原有的概念式刻板印象不变。

再次，把不一致的信息归于群体中不典型的成员。人们常认为不一致

的信息是从特殊的、非典型的群体成员那儿获得的，而原有的概念式刻板印象是典型的群体成员所具有的，所以更有代表性与概括性，当然也就不需要改变了。

可见，要改变概念式刻板印象，并非轻而易举的事。需要我们从内心清晰地认识到自己概念式刻板印象的广泛存在、巨大弊病，以及自身对改变概念式刻板印象的不自觉抵触。在此基础上，我们还需要摆脱旧有的思维习惯、换个角度思考、勇于用新的眼光和思维看待问题。

最后，我们还可以通过在特定的条件下与一个群体中的成员相互交往，就能够减少对此群体的概念式刻板印象与偏见。

那怎样的交往才能有效改变概念式刻板印象呢？

首先，为了避免与概念式刻板印象不一致的信息被归于特殊的环境与时间，要使不一致的信息不断重复。那么，这种稳定的信息就可以被解释为个体内在品质的反映，而对个体所归属的群体的概念式刻板印象就可能改变。为此，人们就需要对有概念式刻板印象的群体成员进行长期的、深入的、一对一的交往。

其次，为了避免与概念式刻板印象不一致的信息被归于群体中的亚群体成员，要与有概念式刻板印象的群体成员广泛交往。这样，所获得的普遍的不一致信息就会改变人们原有的对此群体的看法。

再次，为了避免把与概念式刻板印象不一致的信息归于群体中非典型的成员，要与群体中有代表性的、典型的成员交往。

最后，由于概念式刻板印象常是自动被唤醒的，又无意识地作为人们判断、评价与行为的基础，所以要想改变概念式刻板印象，人们必须有意识地去寻找不一致的信息，有意识地校正自己的判断。这才是改变概念式刻板印象的根本与前提；否则，即使不一致的信息反复地出现、广泛地出现，人们仍可以熟视无睹，充耳不闻。

俗话说得好："一样米养百样人""人心不同，各如其面"。概念式刻板印象会使我们难以避免地进入种种误区，使人生好像分类林立、片面拼凑、固定僵化的"拼盘"一样，越走越狭隘，越走越偏颇，越走越麻木与痛苦。因此，只有积极地从内心去克服概念式刻板印象，开阔思路，更新观念，才能开发出更多的潜能，看到更多绚丽的人生风景，开创出崭新的天地。

杨安谈无明

☆ 一切都在不断地变化，要使自己的思想适应新的情况，就得学习。

☆ 书籍和学习是思想的最佳营养，是思想的无穷发展。

☆ 构成学习最大障碍的是僵化的已知，而不是未知。

耳听为虚，眼见未必为实，用心灵之眼睛方能看清世界

“耳听为虚，眼见为实”是人们在生活实践中总结出来的一条规律。意思是说，不要轻信传闻，看到的才是事实。听来的传闻是靠不住的，亲眼看到才算是真实的。其实，无论是耳听也好，眼见也罢，都还止于表象，没能透彻地洞察明了世界的本质。只有用心灵之眼睛去观察、去感受、去洞悟才能真正地看清事实的真相，看清世界的本相。

孔子有一个弟子叫宰予，他很会说话，以言辞动人。孔子曾经列了“德行、言语、政事、文学”四个排行榜，宰予列于“言语”榜。但宰予的品德很差，他曾经嫌服丧三年的时间太长和孔子抱怨，惹得孔子骂他“不仁”；又热衷于做官，后来到齐国为临淄大夫，与高官田常合伙作乱，阴谋反叛朝廷，结果被满门抄斩，孔子为他感到耻辱。

大白天，同学们都在认真读书学习，而宰予却在睡大觉。孔子很生气地说：“腐烂了的木头没办法雕刻，粪土似的墙壁没办法粉刷。

对于这个宰予，我还能说什么?”又说：“最初，我听到人家说的话，就相信他的行为。今天我听了人家的话，还要看他的行动。是宰予的表现，让我改变了自己从前的做法啊。”

孔子为什么生这么大气呢?就是宰予虽然话说得很漂亮，但行为不符，实际上欺骗了孔子。之所以人家说什么孔子都相信，“听其言而信其行”，并不是说孔子笨或愚蠢，而是他对每个人都很信任，相信“人性本善”，但没想到就是这个宰予，辜负了孔子的信任，欺骗自己的老师，既无信，又对师长不敬，所以孔子才这么生气。

从这件事中，孔子也悟出了一个道理：耳听为虚，眼见为实。不管你是什么人，不管你话说得多么好听，哪怕是舌绽莲花，也得看看你的行动，再决定相信不相信你。如果未经核实，盲目相信别人说的话，很有可能酿成大祸。

虽然是“耳听为虚，眼见为实”，但也要提防，有的时候“耳听为虚”，“眼见未必为实”，必须要用心灵之眼才能看清世界，否则的话，再“明亮”的眼睛也有靠不住的时候。

当年孔子带弟子周游列国，困于陈蔡之间，生活艰辛，常常吃了上顿没下顿。有一日，又没米下锅了。亏得弟子子贡向乡人四处讨求，讨得一些米来。弟子颜回便急忙生火做饭。

子贡讨米辛苦，躺着休息了一会儿。饥肠辘辘，躺不住，便上井边喝水。此时一股米饭香飘入鼻孔，子贡不由向颜回做饭处望望，却见颜回从饭锅里迅速抓了一把，塞入口中。子贡好不生气，便来向孔子告状，说：“真是知人知面不知心，平日看不出，一到困苦时就露馅儿了。”

孔子疑惑道：“真有此事?”子贡说：“我亲眼所见，绝对不会错。”要换了别人，可能就会勃然大怒，把颜回叫来狠狠批评一顿。可孔子不会如此鲁莽，他在思考子贡是否真的看明白了。于是他劝子贡莫轻下结论，待自己了解后再说。

一会儿，颜回来请孔子去吃饭。孔子说道：“方才我打了个盹儿，梦见先父。他是要来保佑我吧。因此我想先拿这饭来祭祀先父。不过，不知这饭你动过了没有？动过的饭是不能用来祭祀的。”

颜回急忙摇手说道：“老师，千万不能用这饭祭祀。适才煮饭时，恰有黑灰落在饭上，不管它吧，不干净；想扔了吧，又可惜。我就把那块沾灰的饭抓起吃了。”子贡这才知道自己冤枉了颜回，好不惭愧。

对于孔子来说，这件事，他没有偏听子贡的话，虽然是起了疑心，但最终明白了真相，虽然稍稍惭愧，但幸好没犯大错，“耳听为虚，眼见为实”的准则还是遵守了。但对于子贡来说，行为就有点鲁莽了，“眼见未必为实”，他只相信自己所见，就跑去告状，未免太武断了。所以说，有的时候，看到的事情，也不能臆测，也需要用心去分析。

王明原本是一位不爱用心也没有耐心的人，这一点在他买菜时表现得最为明显。买菜对他是一种折磨。一走进拥挤的果蔬区，人流便明显缓慢下来，人们四处看、摸、嗅、捏，直到发现那完美的柚子或甜瓜。而王明拿着塑料袋，推着购物车，不耐烦地等待着。终于轮到王明时，不过几分钟王明便杀出重围，提着青椒走到计量台，贴上价格标签。对王明来说，就这么简单。

直到有一天，一次印象深刻的经历使他发生了改变。

那天王明决定买一些青豆。然而在整个蔬菜市场，买青豆的人移动最慢，他们简直是在一根一根地挑选。“上帝，请赐我耐心！”王明自言自语着走向菜架。

一位老人的购物车挡住了去路。老人的动作非常缓慢，挑青豆的手似乎在颤抖。他对王明说：“要挑到好青豆，得花不少时间，这是门艺术。在我眼里它们就像人一样。”“青豆？”王明问道。“是的，”他一副理所当然的样子，“看到这根了吗？它又粗又短，容易被人忽视，因为它的外表不符合青豆细长的完美形象。这根弯曲的也不会有人要。在很多人看来，食物不只是营养，更重要的是外表。精心挑选出的青豆，长短整齐地放在盘里，据说可以增加用餐的享受。但在我看来，食物代表生活本身。世界中充满不规则的形状。我们的世界是不完美的，我们的餐盘也是不完美的。这堆青豆提醒我，走进我们生活的人各不相同。有的伤痕累累，就像这根。有的仍依附于那曾给它滋养和保护的蔓，就像这根青豆，只有除去蔓，才能展现它全部的美，而不是执着于过去的东西。”他说着，把它们放进袋中。

几分钟过去了，王明静静地看着，老人把手伸到青豆堆深处，像搅拌沙拉一样翻动着。“我得走了，你要善待这些青豆，不要仅从外表判断它们。在每一根里面，都有同样的营养成分，但是像人一样，它们中的许多永远不会得到机会。”他说，“不同之处在于，作为人类，我们可以选择离开垃圾堆。”他把塑料袋的口扎上，转过身来。但是当他要把袋子放进购物车中时，手却完全伸错了方向。

“先生，我来替你放吧。”

“我是用心看世界的人。不过，每隔一段时间，我的判断偶尔会出错。我瞎了一辈子，到如今还是犯这样的错误。”

他是盲人？王明简直难以置信。一位年轻女士突然出现在拐角处。“爸爸，我在这里，就在你正前方。我挑一些西红柿好吗？”

“不，亲爱的。我知道自己需要什么。”

他回头对我悄悄说：“她是用耳听、用眼看世界的，所以她总是这样匆忙，肯定会错过那些最好的。”

那一刻，王明的心被触动了，这位盲人为他揭示了用心看世界的哲理，也为他揭示了在买菜中错过的乐趣。他意识到自己在终日的匆忙中，错过了很多很多的心灵风景。

古希腊有一句谚语：“仅仅用眼睛是无法看到那些看不到的东西的，只有盲人才知道用心去看世界。”当我们作为一个正常人只用眼睛去观察世界时，有些东西会让我们迷失，甚至让我们偏离，而盲人在这一方面却优于我们，因为他们必须用心去“观察”这个世界，因此，“看”得更为真切。所以，我们看待事物时不仅要用眼，还要用心。仅用眼睛去观察世界，所观察到的多半是不完整的、片面的。而用心才能感受到最珍贵的、最有价值的东西。

在这个缤纷多彩的世界，在这个让人眼花缭乱的世界，有多少次，当我们计划要去完成一样事情时，却常常被许多不经意的“插曲”所打断，有多少人在碌碌无为中荒废着自己的人生。有多少人眼睛是明亮的，心灵却陷入了黑乎乎的沼泽，看不清前方的道路呢？我们这些双目健康明亮的人们，欲望的火焰在我们心灵的上方猛烈燃烧，烧出一片巨大的空虚，心灵慢慢麻木下沉，我们的心灵不再有快乐萌芽，不再有幸福生根。尽管我们也知道这样不好，我们应该去追寻美好，让心灵重获快乐。但因为我们看得太多，忘记了用心体会，忘记了看到那些黑暗背后的温暖。

当别人的快乐、幸福听多了，我们会以为自己是世界上最为不幸的人，我们压抑的内心，没有快乐诞生，没有幸福生存，越来越为之灰暗、为之麻木。于是，我们继续用眼睛去找寻更多快乐、幸福的故事，或者更悲伤、不幸的故事来愉悦自己、来感动自己、来安慰自己。

可世间的故事听来听去就那么多，我们的心灵越来越麻木，现实的世界你也害怕得不敢去想、不能去改变。我们变得越来越暴躁，越来越失望，所有的美好，似乎偏向另一个极端，都变得那么丑恶。

林清玄曾说：“一个人面对外面的世界时，需要的是窗子；一个人面对自我的时候，需要的是镜子。通过窗子才能看见世界的明亮，通过镜子才能看见自己的污点。其实，窗子或镜子并不重要，重要的是你的心。你的心广大，书房就大了，你的心明亮，世界就明亮了。”

其实，我们都忘了，真正的快乐发自内心，真正的幸福也来自内心，一如曾经没有理想的自己，无须理由，也无须原因，更无须寻找。别人述说的快乐、幸福，我们始终都分享不了，那些都只能带给你会心的笑，笑过之后就是痛苦，留下的是寂寞。我们看着这个世界，不开心也不甘心，但我们却仍要把笑堆在脸上时时迎合别人的欲望。

曾经在很遥远的时代，我们粗茶淡饭、劳筋劳骨，也并不觉得可怕。许多人幼年时，家境贫寒，连白面馒头都吃不上，更别提什么水果之类的。但他们并不觉得苦，反而很是怀念那一段时光。人们特别怀念那时的开朗快乐的心境，还有和家人相伴的幸福。现在，他们长大了，社会发展了，经济改善了，吃的东西不只是白面馒头，更有以前想都想不到的好东西，可是却越来越忘了开心的感觉，人也变得越来越郁闷了。

这就是心的作用。以前，吃糠咽菜，但是心灵洁净无比，那个时候，我们的欲望很少，我们对待每个人，都是真诚的、敞亮的。现在，我们衣食无忧，与世界的对话却渐渐少了。我们将自己隐藏在面具背后，我们害怕别人知道自己内心真实的想法，我们不快乐，却寻找不到不快乐的根源。

现在，丢掉对欲望的偏执吧，不要让耳朵听到的、眼睛看到的假象蒙蔽了自己，认真地用我们的心灵去观察、去倾听、去感受这个世界吧，如此，世界万事万物就会给你心灵真正的快乐。用我们的心灵去爱这个世界吧，发出心灵的真正声音，去帮助每一颗欲望占领的心灵解除欲望，让一切重归自然，这个世界就会给你的心灵带来真正的幸福满足。

杨安谈无明

☆ 虚妄的欲望能将真实的理想打破。

☆ 理性是人生之舟的罗盘，贪欲则是礁石。

☆ 自我控制是智者的本能。

“先入为主”，烦恼自然不请自入

公元前110年，汉武帝礼登嵩山，在嵩山脚下双溪河北岸密林中，见到了一棵他从未见过的大柏树，他就高兴地封它为大将军。刚往北走了十几米，又见到了一棵更大的柏树，就只好封它为二将军，随从的大臣们进谏说："陛下，这棵柏树比那棵大得多啊！"汉武帝也知道自己封得不太合理，但为保住脸面，就说："先入者为主。"往北又走了几十米，又见到了一棵更为高大的柏树，汉武帝将错就错，说："再大你也只能是三将军！"大臣们面面相觑，但金口玉言，无法更改，也只好如此了。

后来，人们就用"先入为主"指先听进去的话或先获得的印象往往在头脑中占有主导地位，以后再遇到不同的意见时，就不容易接受。

认知心理学的研究表明，人们对客观世界的认识（思维）方式是受认识主体内在的知识图式（即知识结构）影响的。人们内在的知识图式是在人们认识客观世界中逐渐形成的，同时又随着认识的更新而不断变化和更新。因此，"先入为主"的认识现象是普遍存在的。

"先入为主"常常消极地影响着创造性思维的运作和发展，成为解决问题的阻碍。在生活中，这种普遍存在的现象往往给我们带来了不请自来的谬误与烦恼。

纵观一些创造发明者走过的路，我们不难发现，即便是最熟练的科学家、最优秀的艺术家也往往会在观察中产生谬误。这一方面是由于观察角度不同，仪器的精确度不高，环境因素不同所造成；另一方面就是因为观察者具有先入为主的固有观念在作怪。比如过于相信自己的理论或设想，这就很容易把一些观察到的新事物"强行"纳入自己的理论轨道，做出不正确的结论。这点，连美国杰出的物理学家费米也未能幸免。

1934 年，费米认为：经过中子照射的元素，会增加一个原子参数而变成新元素。如果用中子照射当时的元素周期表上的最后一个元素时，肯定会得到铀元素。为此，他进行了实验，观察事实似乎很合乎

他的结论，于是很快地宣布：发现了“超铀元素”！这条消息震动了当时整个物理学界。但是，这种狂欢很快就冷却下来。这是因为，通过进一步分析鉴定，费米发现他得到的并不是什么“超铀元素”，而是铀核被击碎后裂变放出的原子碎片。

事实上，不论在事业的探索中，在学习中，还是在生活中的方方面面，我们都在不知不觉地受到先入为主这种观念的负面影响。就像英国著名博物学家赫胥黎所忠告的那样：“我要做的是让我的愿望符合事实，而不是试图让事实与我的愿望调和；你们要像小学生那样坐在事实面前，准备放弃一切先入之见，恭恭敬敬地照着大自然指的路走，否则，将一无所得。”

张老师是某大学一年级的班主任。开学之初，他在学校大门口接待前来登记报到的新生。有一位新生小林，报到时衣冠不整，头上的帽子也歪到了一边，站在桌前报出自家名字时，左腿还一抖一抖的。张老师皱着眉头，暗暗地想：这肯定是一个调皮捣蛋、不爱学习的学生。面对这么一个吊儿郎当的学生，张老师自然特别留意。

几个月过去了，张老师才发现这位小林并不像自己所想象的那么坏，他既不旷课也不打架，且遵守学校纪律，热心为班上做好事。张老师决定找小林谈一次话。经过交流，张老师又了解到：小林性情温和，待人有礼貌，与同学的关系相处得十分友好融洽。他在报到那天之所以衣冠不整、歪戴帽子、左腿抖动，是因为他那天感冒了，又在长途汽车上颠簸了大半天，头晕脑涨的。行车时，他把脑袋伸出窗外呕吐，为了安全起见，他把帽檐儿拉向了一边。下车后，他又没注意自己的“光辉形象”，因此给班主任的印象太差，竟然成了老师密切“关注”的对象。而这位老师也因先入为主的印象使自己错误判断，心里徒生不快与烦恼。

对于为何会出现先入为主的心理，有两种较有影响力的解释：一种解释认为，最先接受的信息所形成的最初印象，构成脑中的核心知识或记忆图式，后输入的其他信息只是被整合到这个记忆图式中去，即这是一种同化模式，后续的信息被同化进了由最先输入的信息所形成的记忆结构中，因此，后续的新的信息也就具有了先前信息的属性痕迹。

另一种解释是以注意机制原理为基础的，该解释认为，最先接受的信息没有受到任何干扰地得到了更多的注意，信息加工精细，而后续的信息则易受忽视，信息加工粗略。这种干扰效果在人事招聘中特别明显，有的人因为学历较低，就很容易被贴上无能的标签，就如漫画所讽刺的，再强悍不过的孙悟空也因为没有学位而失去了工作的机会。

先入为主的产生与个体的社会经历、社交经验的丰富程度有关。如果个体的社会经历丰富、社会阅历深厚、社会知识充实，则会将首因效应的作用控制在最低限度。另外，通过学习，在理智的层面上认识先入为主的弊端，明确先入为主获得的评价一般都只是在依据对象的一些表面的非本质的特征基础上做出的评价，并不很准确，这种评价应当在以后的进一步交往认知中不断地予以修正完善。也就是说，先入为主心理并不是牢不可破的铜墙铁壁。有了这种认识，就是避免先入为主产生的负面作用的基础。此外，在防范先入为主的谬误与烦恼方面，我们应该注意以下几点。

1. 不要匆匆忙忙下结论

在生活中，人们常常有一种急于下结论的倾向。但是，这样作出的判断往往主要是依据“第一印象”作出的，因而常常是“与事实不相符”的。对一个人、一件事的正确判断，一般需要通过一段时间的仔细观察、多方面考察、深刻思索才能获得真正的认识。人们常说的“路遥知马力、日久见人心”等，就不是先入为主所能体现出来的。此外，我们还需对已形成的判断不断反省、扪心自问：我这样的认识是否算是对他人有了真正的了解？从而不断排除先入之见，做出正确的认知。

2. 力戒晕轮效应

先入为主的形成往往同“晕轮效应”有关。“晕轮效应”是在人际相互作用过程中形成的一种夸大的社会现象，正如日、月的光辉，在云雾的作用下扩大到四周，形成一种光环作用。常表现在一个人对另一个人的最初印象或某种品质特征决定了他的总体看法，而忽视了这个人的其他品质或特征，导致看不准对方的真实品质。克服“晕轮效应”就是要全面地观察和分析一个人，作出合乎实际的判断，不要被表面现象所迷惑，不能用直觉代替思考。

3. 澄清情绪的海市蜃楼

情绪是人类一“怪”。当我们愉快奋发时，世界上的一切都美不可言，一旦沮丧至极，便陡生“天昏地暗”之感，这种情绪效应，通常被称为“移情”或“感情投射”。它常常会造成子虚乌有的“海市蜃楼”，形成扭曲的先入为主的印象。有了这种印象就很难不进入误区。

4. 开阔眼界和胸襟

无论是识人还是做事，先入为主心理的实质首先都是内心的不开阔与闭塞，只活在自己的圈子里，看到的、想到的只是自己的观点，所以得出的结论都是狭隘和有失偏颇的。为了避免这种狭隘性，就需要不断地打开自己的心灵，接受新鲜事物，扩展自己的眼界和胸襟，站在更广阔和全面的角度看待他人和问题。如此一来，处理问题的方式才会更加合理。在兼顾他人感受的同时考虑到自己的利益，消除隔膜，这样的人生才会更具智慧性和愉悦感，自己也会因为这种改变而获益良多。

先入为主，障碍处处，使大好良机错失，莫名地增加烦恼痛苦。如果我们能在工作、生活中避免先入为主，那么不管是在学习、事业，还是在家庭生活、人际关系等方面，你都能穿过黑暗，穿过迷茫，告别烦恼，告别忧伤，体会到能量泉涌的活力，情感沉淀的温暖，灵性增长的快乐，成就积累的幸福。

杨安谈无明

☆ 庸才之所以平庸，就是因为他们在思想上先入为主并且无明。

☆ 先入为主的人往往容易做错事。

☆ 学习之境本无涯，前进之路莫彷徨。

世界上的一切都是假象，沉迷假象的快乐就是烦恼的根源

《大智度论》《大品般若经》《成唯识论》等经典上说："虽然世间一切现象都有各自不同的显现，但它们都会随着因缘的转变而不断转化，所以从本质上来说它们都是归于空性的。"

比如，含金的石头看起来仅仅是石头，但经过粉碎淘洗之后，就能从中发现黄金；水与冰看起来不太一样，但是，随着温度的转变，水或许会结成冰，冰或许又会融为水，水还可能会被蒸发。某位富翁曾经把名利视为人生日标，不惜不择手段地获利，但是他突然破了产，破产之后他才发现，物质换来的所谓快乐、感情与尊重都是如此不堪一击，反而变得淡泊名利。

可见，一切显现都会随着因缘的转变而顿失以前之相，任何人和事物都不是固定不变的。比如，你无法期待某个人能永远保持同一种情绪，某件事能永远定格在某个特定的阶段，也没法要求某个东西永远都停留在某个特定的状态。既然世间一切都无法被永远定格，由内至外均在不断发生改变，也就谈不上什么实实在在的自我属性，所以，我们所见、所听、所闻的世界上的一切皆为表象，皆为假象，而沉迷于假象的快乐就是烦恼的根源。

财富、地位、权力是现代文明最重视的幸福象征。我们总以为有钱、有名、俊俏美丽的人一定过得很快乐，但是据各方面证据显示，他们生活

得并不惬意。但我们依然坚信，只要能拥有跟他们同样的象征特质，就会更快乐。

如果当真得到了更多的财富与权力，至少一时之间，我们会产生人生就此改头换面的信心。但象征是会骗人的——它往往会歪曲人们以为它应该代表的现实。其实别人对我们的看法或我们所拥有的一切，跟生活品质并没有直接关系。

迈达斯国王点石成金的寓言，充分证明了控制外在条件未必能使人生活得更好。迈达斯跟大多数人一样，以为拥有举世无双的财富就是幸福的保障。他向众神祈求，经过一番讨价还价，神应允他，凡是他所触及的东西都会变成黄金。迈达斯以为自己占了大便宜，必然会成为世上最富有、最幸福的人。故事的结局大家都知道：迈达斯很快就后悔了，因为连口中的食物和酒，在吞咽前都变成了黄金，于是他就在一大堆金杯金碗中活活饿死了。

古老的寓言千百年来不断重演。精神医师的候诊室里坐满了功成名就的病人，他们在四五十岁时才忽然觉醒，原来郊区的豪华住宅、名贵轿车，甚至常春藤名校的学位，都不能给他们带来内心的快乐。然而，大家还是希望借着改变外在条件找到出路，只要能赚更多钱、使身体健康、找到更体贴的另一半，问题就都迎刃而解了。纵然明知物质的丰裕并不能带来快乐，我们还是沉迷于外求，沉迷于不停地追逐外在的目标。

以写《达到经济自由的9个步骤》一书而成名并致富的奥曼女士，当她终于买得起劳力士手表和名牌服饰，开得起豪华跑车，也能够到私人小岛度假时，却坦白承认她没有满足感："我已经比我梦想的还要富裕，可是我还是感到悲伤、空虚和茫然。钱财居然不等于快乐！我真的不知道什么东西才能带来快乐。"

像奥曼那样，为钱奋斗了大半辈子才悟出"有钱不一定快乐"道理的人不在少数。可是，为什么当今社会仍然有那么多忙碌奔波的人呢？因为人们常常被世界的假象所蒙蔽。

人们习惯性地去关注下一个目标，而常常忽略了眼前的事情，最后，导致终生的盲目追求。

然而一旦目标达成后，人们常把放松的心情解释为快乐。好像事情越难做，成功后的快乐感就越强。不可否认，这种放松让我们感到轻松，但它绝不等同于快乐，它只是快乐的假象。这就好比一个人头痛好了之后，他会为头不痛而高兴，这是由于这种喜悦来自于痛苦的前因——头痛。可是，当我们把对“不头痛”的实现变成了最终目的，不是混淆了最初对快乐的向往吗？而忙碌奔波的人就是这样的，他们错误地认为财富、地位、权力就是快乐，坚信目标实现后的放松就是快乐。因此，他们不停地从一个目标奔向另一个目标，而目标永远都没有尽头，这样怎么可能得到快乐呢？

在我们从小到大所受的教育中，一个不变的中心思想就是：在任何方面都一定要成功，要争取最好的名次，只有成功可以得到人生最大的欢乐，成功的喜悦是人生的充实感和幸福感。于是，当我们考入重点中学，所有人都在为你自豪，你也因此得意不已；此后，考上名牌大学，这种喜悦和得意就更甚；毕业后进入一个极有名望的公司，得到一份体面高薪的工作，更是意气风发，似乎人生最大的目标就实现了。

在目标达到的时候，你的确是高兴的，甚至是快乐的。可是从整个过程来考量，你会发现，那短暂的快乐带来的总是数十倍甚至数百倍的痛苦。

难道不是吗？考上重点高中后，因为竞争激烈，每天要加倍苦读才能拿到好名次，才能考上好大学。等考上了名牌大学，身边全是各地汇集而来的精英，你又想要在精英中拔尖，为此，只能加倍努力。好不容易以优异成绩毕业了，在那个声名显赫的企业里，那么多的顶尖人才让你倒吸一口冷气：要怎样付出才能保住自己的位子，并且还要出类拔萃……即使事业到达了别人只可仰视的顶峰，还会有其他方面的目标，比如爱情、家庭……

很多人会说：等我完成这个大的订单，等我赚够多少多少钱，等我……就一定会很快乐。可是后来呢？等到所有目标实现的时候，已垂垂老矣，快乐也成了一种蹉跎。

我们现在所面临的不正是这样的情形吗？

我国这几年的高速发展是全世界有目共睹的，太多的人富裕起来了。很多人都以为，随着财富的积累、社会声望的提高，人们就能理所当然地得到相对应的快乐。然而你却发现忧心忡忡的人比起以前来只会更多。跟邻居、朋友、同学聊天，大多数人是疲惫不堪、心力交瘁。有人在网上传给我这样一个数据：那些社会上认为最应该快乐的企业家和高管们经常出现“烦躁易怒”的占70.5%，“疲惫不堪”的占62.7%，“心情沮丧”的占37.6%，“疑虑重重”的占33.1%，“挫折感强”的占28.6%。而这些人正是我们普通人的奋斗目标啊！

到现在，我们终于能够正视这一点：即使我们拥有财富、地位、权力，即使我们实现目标，都不能带来真正的快乐。我们只是沉迷在假象的快乐中，我们因此而倍感烦恼。

真正的快乐与外在的拥有毫无关系。人并不会因为拥有的多就快乐的多，拥有的少就快乐的少。我们需要清晰地领悟到一切表象皆幻相，它的最大特征就是变化。所以，停止在变化中寻求永恒，反观里面，那里面的就是真正的永恒。一旦体验到这一点，变化就无法折磨人了。因为，若人领悟到了变化是不真实的，只是幻相，不需要执着于各种幻相中，于是就能坦然面对世界了。

做到这一点，说难很难，说不难也不难。关键在于能否放下，只要你试着放下那些欲求，立刻便能体悟到从假象、从烦恼中解脱而出的真正的快乐。

20世纪初，在美国有这么一个人：他垄断了整个美洲的石油产业，操控着全国的金融体系，富到今天的比尔·盖茨、巴菲特都要靠边儿站，就连国会也对他言听计从。他翻手为云、覆手即雨，不可一世地坐拥着自己的财富帝国。

然而，伴随滚滚金钱而来的是焦虑和烦躁。他先是失眠，接着焦躁不安，最终罹患了重度抑郁症，头发大把大把地脱落，还时常感到胸闷气短。医生们动用当时最先进的医疗设备，耗费巨资请来世界各地的名医会诊，但都无济于事。病情最严重时，他甚至连一粒米都咽不下，只能靠打点滴维持微弱的气息。他的身体每况愈下，这让整个家族很是担忧。

有人建议他去古老的东方，去接受佛法的洗礼。在东亚逛了一圈后，最终来到了中国河南。

傍晚，小沙弥把他领进斋房，点完灯，掩门而去。他随手抓起案头的一本书。那是本《四十二章经》，这种免费赠阅的经书，寺院里随处可见。他只是半个中国通，加上佛经晦涩难懂，所以他异常吃力地读着。突然，一个惊天秘密闪现在眼前！第二天一早，拜过住持，便踏上了归程。回到自己的王国，他做的第一件事便是：下令解散财团，并辞去董事长一职。

不仅如此，他还打发走了三十多个情妇，变卖掉所有的家产，包括私人汽车、纯种赛马、豪华游艇和位于北美和欧洲的十几幢别墅……并彻底与醉生梦死的生活说拜拜：推却一切应酬，声明自己已退隐江湖，不再在公共场合露面。《华盛顿邮报》的一名记者对此写了一篇评论，他于是买下了所有的报纸，付之一炬。

接着，一身轻松的他积极投身于社会公益。从此，人们看到的是一个便衣老头快乐的身影。他给黑人窟的难民送去面包和鲜奶，和孤儿院的孩子们打成一片，甚至连搬运码头，也听到他欢快的号子……有人说他脑子进水了，更有人认为他中了邪……不管别人怎么看待，反正他整个人因此而变得阳光而朝气，顽疾由此不治而愈。

那晚究竟发生了什么？佛祖果真显灵了吗？无人知晓。这个秘密一直保持到 1987 年——他去世时。那年，他 93 岁，无疾而终。

他是在德拉华州的一个农场默默辞世的，死时身无分文。被发现

时，手中握着一张手稿。上面有两行字，第一行出自《四十二章经》的第二十五章经：欲念之人，犹如执炬。逆风而行，必有烧手之患。

下面是他的批注：真正的快乐来源于心灵之上。任何依赖外物所获取的欢乐都不会长久，比如金钱、肉欲……

这世上，有人为情所困，闷闷不乐；有人为钱所累，唉声叹气；有人为官所累，心事重重。即使是情、钱、官什么都得意的人也烦恼不断。因为人生吉凶祸福，变化难测。所有的一切都不是一成不变的，只要遇到一点变故，所拥有的一切外物都可能会随之消失。于是，快乐不在，烦恼纷沓而来。再者，人现在所拥有的一切都将是过眼云烟的假象，如果一直把这些假象视为你快乐的主要原因，那么你将终生被它牵绊。

因此，想要拥有真正的快乐，不为俗事烦恼，就要看淡一切物欲与名利，放下一切世人执着的东西。如果你能拥有一颗不执着于物、不被世事所牵动的平常心，“不以物喜，不以己悲”，以一颗淡然的心去对待一切，就能从假象中、从烦恼中解脱出来，真正享受到超然自在的快乐人生。

杨安谈无明

☆ 人一旦产生贪欲，就会变成它的奴隶。

☆ 寡欲心自清，寡求心自静。

☆ 多欲亏义、害智、生苦恼。

【第三章】

一念既起贪念生，颠颠倒倒执成忧

任何事物都不是多多益善，要懂得适可而止。贪欲只会不停地诱惑着人们追求物欲的最高享受。然而过度地追逐利益往往会使人迷失生活的方向，使人陷入巨大的痛苦与种种的烦恼中无法自拔。凡事适可而止，拥有超然心境，才能把握好人生方向，才能不被贪婪奴役。

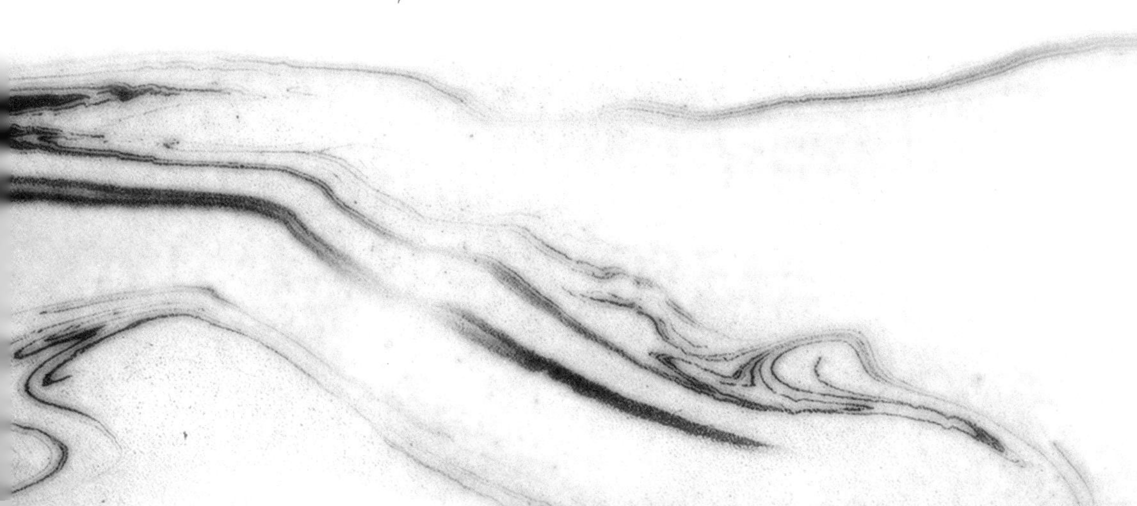

人生最大的痛苦在于不满足

《道德经》上说："祸：莫大于不知足；咎，莫大于欲得。"天下最大的祸害莫过于不知足，最大的过错莫过于贪得无厌。

人人都有欲望，都想过美满幸福的生活，都希望丰衣足食，这是人之常情。但是，如果把这种欲望变成不正当的欲求，变成无止境的贪婪，那我们就在无形中成了烦恼的奴隶。在欲望的支配下，我们不得不为了权力、为了地位、为了金钱而削尖了脑袋往里钻。我们常常觉得非常累，但是仍觉得不满足，因为在我们看来，很多人比自己生活得更富足，很多人的权力比自己大。所以我们别无出路，只能硬着头皮往前冲。在无奈中透支着体力、精力与生命。于是，不满足，也成了人生最大的痛苦。

古时候有个贪心的财主，他已经很富有了，拥有了九十九只羊，而从他拥有第九十九只羊那一天起，不是快乐而是痛苦，因为他日夜都盼望着能再添上一只羊，好凑够一百只。为了凑够一百只，他日思夜想，一天深夜，他辗转反侧之际，忽然想起村后的山上有一座寺院，寺院里住着一位得道禅师，那位禅师正好也养了一只羊。

于是，第二天一大早，财主便前去恳求禅师，想让他慈悲为怀，将那只羊送给自己。当时，禅师正在闭目静思，眼皮也没有动一下，只是淡淡地说："既然你这么需要这只羊，就将它牵走吧！"一个月之后，财主再次来求见禅师，禅师见他依然愁眉苦脸、面容憔悴，便问

他为何如此憔悴。

财主苦笑着说："现在我已经有了一百零五只羊了。"禅师平静地说："既然如此，你应当高兴才是啊！"财主摇头伤心地回答："可我要到哪年哪月才能拥有两百只羊呢？"

禅师听后默默无言，转身端来一杯水，递到他的手中。财主喝了一口，便大叫起来："这茶水怎么会这么咸啊？"

禅师面无表情，只淡淡地说："其实你每天喝的都是咸水呀！人离不开水，欲望可谓人皆有之。欲而有节，犹如一杯清茶，味虽淡，却能滋润心田、濡养生命；而无止境的不满足则像一杯咸水，味虽浓，却只会让人越喝越渴、越渴越喝，最后就是给你一个太平洋，也无法消解心头之渴。人生的杯子里，如果注满了咸水，就将永远品尝不到清淡的甘甜。"

现在的社会是一个充满了欲望的社会，许多人沉浸在追求欲望的游戏中。有人痛苦，有人迷茫，有人烦恼不断。就是因为自己的欲望太多，所以造就了我们对不满足的膜拜。当一个人得到了他想要的东西后，不会停止索取，他会想要更多，这就是不满足。但是许多东西当它太容易得到的时候，也便失去了它本有的魅力。当你拥有了太多东西的时候，必然有一种东西要减少，那就是你的健康和寿命！

人们追求的目标被经济社会的浪潮一再地拔高：没有房子，想要房子；有了房子，还想要大房子；有了大房子，还想要别墅。没有私家车，想要私家车；有了夏利，发现桑塔纳更好；有了桑塔纳，又向往宝马……欲望就是这么永无止境。它深深地藏在人们的心里，使得人们越来越贪婪，对生活更加不满足，同时心情也变得更糟、更坏、更脆弱。

很多人会感到生活的辛苦，其实很多人都在拼命地为身外之物而活着，他们的生活总是达不到他们所要求的那种"完美"。或许他们已经很有钱了，可总还有比他们更有钱的人存在。他们已经生活得很不错了，可比他们更豪华的生活还会存在，就是经过这么反复的对比，成功者也就沦为了失败者。人家失败了，还有几百万，自己是所谓的成功者，却不过只有几十万元。这样一比，反而觉得耻辱，根本高兴不起来。

天长日久，就造成了一种心理上的问题，怎么也快乐不起来。而失去快乐的根源不在于跟他人相比，主要取决于你跟别人比什么，如果比金钱、权力和荣誉等的话，那么你永远都沉浸在苦恼之中。俗话说："天外有天，人外有人。"盲目的攀比会使你痛苦，使你无端地遭受莫名其妙的打击，让生活毫无生趣。

我们应该知道，任何事物都不是多多益善，要懂得适可而止。欲望永不满足只会不停地诱惑着人们追求物欲的最高享受，然而过度地追逐利益往往会使人迷失生活的方向，使人陷入巨大的痛苦与种种的烦恼中无法自拔。因此，凡事适可而止，才能把握好自己的人生方向，才能不被贪婪奴役，失去生活本有的欢乐。

有一个不怎么出名的作家，早年生活在乡下，他是一所农村学校的语文教师，业余时间给报刊写点小文章，老婆虽然没有正式工作，不过个人做点小生意，日子不算十分富足，却也称得上是清静自在。

他一直羡慕城里人的生活，觉得那才叫活得滋润，在发表了一些文章之后，他自认为已经具有了一些资本，于是就带着老婆孩子来到了沿海的一个大城市。他没有找到接收单位，索性做起了自由撰稿人，老婆则租了个摊位继续做她的小生意，一家人的收入确实比在农村的时候高了很多。

不过，城里的消费水平也相对较高，他们一开始租房居住，房租很贵，为了节省开支，对环境就没法考虑太多。他们所住的楼下有一家工厂，机器设备的噪音整天吵得他不得安宁。由于休息不好，他每天写作时，脑袋都昏昏沉沉像灌了糨糊，有时一连几天都写不出一篇像样的文章来。

这时，他才发现，原来并不是到了城里，就可以过上幸福的生活。为了摆脱机器的噪音，拥有自己的房子，他苦苦拼搏了几年，终

于积攒起了一些钱，就向银行贷款按揭买了房子。可是新房子也有烦恼，他仍然得不到他最需要的安静：小区里每天都是商贩出入，吵吵闹闹；而楼上那户人家更是出奇地吵，经常引来一大群人聚会，楼板上方传来的杂乱的脚步声让他难以忍受。

他找到那家人，想让他们变得安静一点，却没有解决问题。于是，他又找小区管理处反映，结果也无济于事。后来，他干脆去找法院，最终也因为没法取证而不了了之。看着好不容易奋斗来的房子却变成了鸡肋，他痛苦不堪，而他赖以生存的文字写作更是收成惨淡。这时他才发现，不仅要在城里拥有房子，还要拥有一套具有良好环境的房子才行。为了再买一套更好的房子，他和妻子憋足了劲赚钱。几年之后，他把那套房子卖了，另外买了一套顶层的房子。

哪里想到，顶层的房子也没有给他带来安宁。没过多久，一座高架桥从他所住的楼下经过，窗子外面轰轰隆隆的车声日夜不停，吵得他越发心神不宁。

他并不甘心自己老是这样在居住的方面不如意，他想搬到郊外去，他认为只要到郊外去买了别墅，就可以过上幸福安定的生活了。为此，他又开始了为房子进行新一轮拼搏。没想到没过多久，却因为劳累过度而病倒了。

没有办法，他看在城里的日子实在是撑不下去了，于是又带着老婆孩子回到了农村老家……过了一段时间，朋友去乡下看他，他正坐在自家的小院里喝茶、看报，一副悠闲自在的样子。乡下的空气清清爽爽，院子里有几只麻雀在唧唧喳喳地低语呢喃，不时有一阵淡淡的花香飘来。他的气色和精神明显好多了。朋友和他喝茶聊天。问他准备什么时候回广州，他说：“不回去了。”

朋友大感意外：“前些天的时候你跟我说过，等身体养好了就回去的，怎么突然改变主意了呢？”他说：“原来想的是要到大城市里过城里人的生活，可是到了城里才发现，城里人的生活也有高下之分，城市的生活又是如此丰富多彩，于是人就有了更多的欲望。其实只要有一个清静的地方过日子，对我来说就已经很幸福很快乐了。把那些贪欲全都去掉，才发现当初花了那么多时间那么多力气去追寻的东西，其实早就在我的身边了——这是一种最普通又最无价的、一种实实在在又触手可及的幸福。”

假如我们借一个“杯子”来作为一个人盛载愿望的载体，那么这个“杯子”里面装什么、怎么装，则会因人而异。但是不管是什么人，无外乎必须装两样东西，一样是物质上的，一样是精神上的。那种精神上的不满足正是一个人奋发进取的动力，鲁迅先生曾经这样说过。但是恰恰相反，物质上的不满足则往往会蒙住人的眼睛，使人忽略身边显而易见的幸福，跌入到痛苦的深渊之中。

希腊哲学家克里安德，当年虽已八十岁高龄，但依然仙风鹤骨，非常健壮，有人问他：“谁是世上最富有的人！”

克里安德斩钉截铁地说：“知足的人。”

这句话恰和老子的“知足者富”的说法如出一辙。

曾有人问当代美国最富有的石油大王史泰莱：“怎样才能致富？”

这位石油大王不假思索地回答：“节约。”

“谁比你更富有？”

“知足的人。”

“知足就是最大的财富吗？”

史泰莱引用了罗马哲学家塞涅卡的一句名言来回答说：“最大的财富，是在于无欲。”

塞涅卡还有一句智慧的话：“如果你不能对现在的一切感到满足，那么纵使让你拥有全世界，你也不会幸福。”

最妙的是，罗马大政治家兼哲学家西塞罗也曾有类似的说法：“对于我们现在有的一切感到满足，就是财富上的最大保证。”

知足不是自满和自负，不是装饰，不是自谦，知足是不作非分之想；知足是不好高骛远；知足是安若止水、气静心平；知足是不贪婪、不奢求、不豪夺巧取。知足者温饱不虑便是幸事；知足者无病无灾便是福泽。

过分地贪取、无理的要求，只是徒然带给自己烦恼而已，在日日夜夜的焦虑企盼中，还没有尝到快乐，就已饱受痛苦煎熬了。因此古人说："养心莫善于寡欲。"

人生如白驹过隙，生命在拥有和失去之间很快就流逝了。如果你在自己的心中装满势利、贪欲等消极的东西，你的心灵哪里还有空间去承载积极的事物呢？你的人生又怎会不被最大的痛苦所控制呢？

因此，无论何时，我们都要把握住自己的心，驾驭好自己的欲望，不贪得、不觊觎，役物而不为物役，人生自然能够远离痛苦，能够知足常乐、随遇而安、心平气和地去享受幸福。

杨安谈无明

☆ 贪婪，使刚直变懦弱，使聪明变昏庸，使慈悲变污浊，使品德被毁灭。

☆ 贪欲，心灵烦恼，身居古刹，无法平静；无欲，清净心灵，居于闹市，不感喧嚣。

☆ 人如果总把欲望当成内心的需求，就会使自己疲于奔命，越陷越深。

想要那么多，真的能得到吗

我们常说知足常乐，只有懂得满足的人才会真的读懂人生这本难懂的书。不知足的人总是在抱怨自己的生活不是自己想要的，他们不会满足于生活赋予他的一切，他们心中想的只是那些遥远的梦想。问题是，大千世界，万种诱惑，想要那么多，真的能得到吗？

利奥·罗斯顿是美国好莱坞最胖的电影明星，他的腰围6.2米，体重385磅，走上几步路就会气喘吁吁，医生曾多次建议他注意节食，减少演出，如果再为金钱所累，将会危及生命。但罗斯顿却不以为然地说："人到世界只有短暂的几十年，我虽然有很多钱，但我还是想要拼命地继续挣下去。因为，我太喜欢钱了。"

罗斯顿不但没停下挣钱的脚步，反而更疯狂地到世界各地演出挣钱。1936年，罗斯顿在英国伦敦演出时，突然晕倒在舞台上，人们手忙脚乱地把他送到伦敦最著名的汤普森急救中心，经诊断，他是因心力衰竭而导致发病。紧急抢救后，他虽勉强睁开了眼睛，但生命依然危在旦夕。尽管医院用了当时最先进的药物和医疗器械，最终还是没能挽留住他的生命。弥留之际，罗斯顿断断续续说出了一句话：你想要的有很多，你的身躯很庞大，但你的生命需要的仅仅是一颗心！

汤普森急救中心院长、世界著名胸外科专家哈登眼睁睁地看着罗斯顿闭上了双眼而自己却无能为力，不由得黯然垂泪，十分惋惜地说："罗斯顿醒悟得太迟了。"

根据自己的切身体会，美国石油大亨默尔在自传的结尾中写道："这个世界上，不知有多少人日夜在为金钱财富拼命，挣到了百万还想挣到千万，达到了千万又想挣到亿万，一门心思聚敛钱财，到头来，自己究竟得到了什么呢？我之所以要这样做，只不过是汲取罗斯顿的教训罢了，他那句临终遗言'你的身躯很庞大，但你的生命需要的仅仅是一颗心'让我大彻大悟。但我还要加上自己的感悟：富裕和肥胖没什么两样，不过是获得超过自己需要的东西罢了。多余的脂肪会压迫人的心脏，多余的金钱会拖累人的心灵，多余的追逐会增加生命的负担。要想活得健康和自在一点，就必须尊重自己的生命，舍弃那些'多余'的财富。"

假如自己贪婪的欲望不及时消除，不仅得不到想要的那些更多，还会使自己的健康受到损害，甚至使人生也要面临大灾难，就像飞蛾一定要去扑灯火那样，只有焚烧了自己的身体才算了结，这是最为可悲的。

俄国大文豪托尔斯泰写过一篇小说，大意是这样的：有一个人想得到一块土地，地主对他说，清晨日出时，你从这里往前跑，跑一段就插一个旗杆作为标记，只要你在太阳落山前赶回来，插上旗杆的地都归你，那人听了之后，就不要命地跑啊跑，太阳偏西了还不知足。太阳落山时他终于回来了，但此时他已经精疲力竭，摔倒在地就死了。于是有人挖了个坑，将他埋了起来。牧师在给他做祈祷时，看着面前这座小小的坟茔叹道：“一个人要多少土地才够呢？就这么大。”

很多时候，人都是自作自受，想要的太多，于是日日夜夜地去强求，结果不必要的麻烦和痛苦就来了。因此，我们要从心底去掉贪欲，把它扼杀在萌芽状态，以避免心中的贪婪长大以后祸害自己。

善国寺中有两个和尚，一个名叫悟真，一个名叫悟了。最初他们二人每天都会去山下化缘，可后来就只有悟真天天出去化缘了。原来，悟了每次去山下化缘都会满载而归，有时随便在山下走一走，就能化来很多银两。于是他就用这些钱买来很多米、面等生活必需品，存放在禅院中，其余的时间就在寺庙的大树下睡懒觉。悟真见他整日如此，就劝他不要在寺中虚度光阴，要常常出去化缘。

但是悟了总是厌烦地回答说：“我们本是出家人，岂可太贪！有吃有喝就行了。你看我现在储存了这么多的粮食，足可以让我半个月衣食无忧，何必外出化缘辛苦奔波呢！”

悟真摇摇头，念了一声阿弥陀佛，说：“师弟，你化缘这么多年，竟然还没有参悟到化缘的妙处和真谛吗？”悟了听完悟真的话，讥讽道：“师兄，你不要站在那里说我，倒是见你日出而出，日落而回，却空手而归，请问你化的缘呢？”悟真说：“我化的缘在心里。缘自心来，缘也要由心去。”悟了一头雾水地说：“不知师兄所说何意？”

一段时间后，悟了从山下化的钱物越来越少，他心中的烦恼也越来越多，原来他化一次缘可以吃上十天半个月，可是现在几天就吃完了。

而师兄悟真依然是天天日出而出，日落而归，空手而去，空手而回，唯一不同的是，悟真的脸上总是挂满微笑。心中烦恼的悟了禁不住挖苦道："师兄，你今天收获如何?"悟真一脸轻松地回答说："收获多多。"

悟了看了看两手空空的悟真，又说："收获在哪里?"悟真双手合十，缓缓说道："在人间里，在人心里。"

此时，悟了心中的疑惑越来越多，他觉得自己一时很难参悟师兄的话，便决定明天一早同悟真一起出去化缘，于是便对悟真说："师兄，我悟性太差，我想明天跟你去化一次缘。"悟真点头答应了。

第二日，悟了想到今日要同师兄下山化缘，便又拿了他出去化缘用的布袋。悟真看见后，对他说："师弟，放下布袋吧。"悟了说："为什么?"悟真说："你这布袋里装满私欲贪婪，拿出去，是化不来最好的缘的。"悟了不解地问道："那我们把化来的东西装哪儿?"悟真淡定地说："放在人心里，人心无所不容。"

于是，二人便相伴上路了。悟了每跟随悟真到达一处，就会发现有很多人对悟真笑脸相迎，而且还没等悟真说话，他们竟主动拿出家中的东西给悟真。有些人还满脸谢意地对悟真说："大师，多谢你上次的慷慨施舍，才使我们一家人渡过难关。悟真大师的大恩大德，我们都没齿难忘啊!"此时，悟了心中想到："早晨下山之前不让我拿布袋，看你一会儿把化缘得来的东西放在哪里。"他们继续往前走，手中化缘得来的东西也越多。悟了看着满满的收获，心中十分欢喜。

正在这时，从远处慢慢走过来一个农夫，怀中抱着一个孩子，脸上布满伤心的泪水。原来农夫的孩子得了重病，他却拿不出钱来给孩子治病。悟真了解了事情的原委后，把刚才化缘得来的财物全部给了农夫，之后和悟了一起继续前行。从太阳刚刚升起，到缓缓落入西山，他俩人除了温饱之外，把一路化缘得来的东西都施舍给有需要的人，然后再去化缘。

晚上，回到山上的禅院，悟真问悟了："师弟，今天一天你跟我化缘，化到了什么?"悟了看着他只是一个劲儿地苦笑。

悟真随即说道："师弟，你只知缘来之福，却不懂缘去之福。浩瀚天地，朗朗乾坤之间，自然万物为何如此多姿美丽，这是因为天地万物都在循环啊。师弟，你看这世间刮起的风、流动的水，还有白昼与黑夜，春夏和秋冬，哪一样不是在循环？那些只知道缘来之福的人，得到的只能是片刻的欢愉，随着时光的无情流逝，便会成为一池死水。我和你之间的区别就是，你把化缘得来的财物都放在了充满私欲贪婪的布袋里，而我则把化缘得来的财物放在人心里循环，让善良和爱在人间、在人们的心里循环。这便是世上事不求有所得，反而会得到更多的道理。"

悟了听到悟真的一番话，羞愧地低下了头。悟真看着他念了声"阿弥陀佛"，便转身离开了。

芸芸众生，茫茫宇宙，什么是有所得，什么是无所得，这本身就因人而异、因心而异。能够真正领悟庄子所言的"杀生者不死，生生者不生"真谛的，便可以被称为道德高尚、参透生命的圣人了。

"有缘即往无缘去，一任清风送白云。"人生在世，但求无所得，到最后反而会得到。什么都想得到的人，结果可能什么都得不到，甚至连自己已经拥有的也会失去。古往今来，醉心于长生不老、功名利禄的人，不是郁郁而终，就是人财两空；而那些看破人间假象，一切得失随缘的人，到最后反而成就了自我，获得了很多，被世人称为"仙风道骨"之人或大智大圣之人。

总之，"随缘自适，烦恼即去"，放下世间装满贪欲和杂念的布袋，保留一份善心和爱心，人生之路便会走得更加平静和坦然，收获也将更多。

杨安谈无明

☆ 知足者身处凡境也有仙境之乐，不知足者身处仙境也有凡境之忧。

☆ 贪婪的人失掉名誉，追求金钱的人失掉德行。

☆ 睿智的人看得透，所以不贪。知足的人常快乐，所以不忧。

我们究竟要的是什么，什么才是最重要的

在《大珠禅师语录》中曾经记载了有源禅师与大珠禅师的一段对话：(有源禅师）曰："和尚修道，还用功否?"

师（大珠禅师）曰："用功。"

曰："如何用功?"

师曰："饥来吃饭，倦来眠。"

曰："一切人总如是，同师用功否?"

师曰："不同。"

曰："何故不同?"

师曰："他吃饭时，不肯吃饭，百种须索；睡时不肯睡，千般计较，所以不同也……是以解道者，行住坐卧，无非是道；悟法者，纵横自在，无非是法。"

大珠禅师指出：投入到现在应该做的，这是人活着再自然不过的事情，也是人生最重要的事情，是我们最应该投入的去思考的事情。活在每一个现在——仔细思量，恍然大悟。在快节奏的当今社会，最自然不过的事情对我们来说早已成了远古的图腾和遥不可及的梦想。

现代生活中，我们往往缺乏禅师这样的悟性。所以，总会遇到这样的事情：尽管有时本无睡意，但主观上总觉得应该睡了，从而强迫自己一定要入睡。如此，脑子里一边思绪不断，一边又因时钟的滴答声而心烦气躁，结果根本无法入眠。直到深夜两点、三点……再如吃饭，本该吃饭时就吃饭，但现代人总是先在食物的营养调配上大费一番周章才进食，于是常让肚子挨饿受苦。近来，社会上也出现了节食瘦身的风潮。为了所谓的

美该吃饭时不吃饭，该喝水时不喝水，以致患上各种疾病，大大损伤了身心健康。

“饥来吃饭，倦来眠”，对于我们这些芸芸众生而言，似乎成了可遇不可求的际遇，我们常常用“我还有更重要的事”为自己不能“饥来吃饭，倦来眠”寻找理由。

但对我们而言，什么事情是最重要的？什么时间是最重要的？什么人是最重要的？有人会说，最重要的事情是升官、发财、买房、购车；最重要的人是父母、爱人、孩子；最重要的时间是高考、婚礼、答辩。

其实，这些都不是，最重要的事情就是现在你做的事情，最重要的人就是现在和你一起做事情的人，最重要的时间就是现在。

《哈佛图书馆墙上的训言》中讲过一个这样的故事：

在华盛顿街区的一个屋檐下，有3个乞丐正在聊天。

一个乞丐说：“想当年，我用10万美元炒股，后来成了百万富翁，要不是股票暴跌……”

另一个乞丐说：“那是多久以前的事啦，还提呢。看着吧，我明天早上到垃圾筒里看看，也许那里面就有张百万美元的支票，哈哈……”

第三个乞丐没有言语，他独自走到别处，因为他必须先填饱肚子。而此时，那两个乞丐还在回忆着自己辉煌的过去和构想美好的未来呢。

第二天早上，当人们起来时，发现那两个怀念过去和畅想未来的乞丐都已经没气了，而那个寻食的乞丐，正吃得香呢。

这3位乞丐，第一位活在过去，第二位活在明天，第三位活在当下。活在过去的那位，是活在过去的光环里，“当年勇”“昨日功”让他难以忘记。活在明天的那位，不顾眼前的情况，一味空想明天。

其实，在生活中，很多人也都有过这样的日子：常常为昨天的失落念念不忘，喋喋不休，耿耿于怀；又常常为明天的美丽意气风发，热血沸腾，斗志昂扬。

或许你觉察不到，就在这埋怨与幻想当中，就在这追悔与兴奋当中，我们失去了最宝贵也最容易失去的今天。昨天是失去的今天，明天是未来的今天。只有今天，才是我们真实地拥有着的。

就如屠格涅夫所说："幸福不在明天，也不在昨天，它不怀念过去，也不向往未来，它只在现在。"把握当下的幸福，才是真实的幸福；一味地憧憬明天，幸福永远也靠近不了我们，因为在我们一门心思准备迎接将来某一天幸福到来的时候，往往会忘记、忽视眼前的一切，将每一个经历着的现在变成留有遗憾的昨天。

一位哲学家途经荒漠，看到很久以前的一座城池的废墟。岁月已经让这个城池变得满目沧桑了，但仔细地看却依然能辨析出昔日辉煌时的风采。哲学家想在此休息一下，就随手搬过一个石雕坐下来。

他点燃一支烟，望着被历史淘汰下来的城垣，想象着曾经发生过的故事，不由得感叹了一声。

忽然，他听到有人说："先生，你感叹什么呀？"

他四下里望了望，却没有人，他疑惑起来。那声音又响起来，是来自那个石雕，原来那是一尊"双面"神像。

他没有见过双面神，所以就奇怪地问："你为什么会有两副面孔呢？"双面神回答说："有了两副面孔，我才能一面察看过去，牢牢吸取曾经的教训。另一面又可以瞻望未来，去憧憬无限美好的明天。"

哲学家说："过去的只能是现在的逝去，再也无法留住，而未来又是现在的延续，是你现在无法得到的。你不把现在放在眼里，即使你能对过去了如指掌，对未来洞察先知，又有什么具体的实际意义呢？"

双面神听了哲学家的话，不由得痛哭起来，他说："先生啊，听了你的话，我才明白，我今天落得如此下场的原因。"

哲学家问："为什么？"

双面神说："很久以前，我驻守这座城时，自诩能够一面察看过

去，一面又能瞻望未来，却唯独没有好好地把握住现在，结果，这座城池便被敌人攻陷了，美丽的辉煌都成为了过眼云烟，我也被人们唾骂而弃于废墟中了。”

17 世纪法国科学家兼思想家巴斯葛在《沉思者》一文中有一段话：“我们向来不曾把握现在：不是沉湎于过去，就是殷盼着未来；不是拼命设法抓住已经如风的往事，就是觉得时光的脚步太慢，拼命设法使未来早点到来。我们实在太傻，竟然流连于并不属于我们的时光，而忽视唯一真正属于我们的此刻。”

现在是将来的过去，也是过去的将来。如果你把每一天都过好了，那你的人生一定会很充实，很精彩。但是，如果我们不能牢牢地把握现在，而一味沉浸在对过去的思念中，或者陶醉于对未来的向往里，当每一个“今天”都这样过去后，你的人生一定会只剩下抱怨和空想。

中外无数成功人士的实例证明，只有把握好今天，才能走出昨天，开创明天。昨天是张作废的支票，明天是尚未兑现的期票，只有今天是现金，有流通的价值。

在美国华尔街的股票市场交易所里，依文斯工业公司是一家保持了长久生命力的公司。但你可知道，公司的创始人爱德华·依文斯却因为绝望而差点自杀！

爱德华·依文斯生长在一个贫苦的家庭里，开始靠卖报来赚钱，后来在一家杂货店当店员。八年之后，他才鼓起勇气开始自己的事业。然后，厄运降临了——他替一个朋友背负了一张面额很大的支票，而那个朋友破产了。祸不单行。不久，那家存着他全部财产的大银行也垮了，他不但损失了所有的钱，还负债 167 万美元。他经受不住这样的打击，开始生起奇怪的病来。

有一天，他走在路上的时候，昏倒在路边，以后就再也不能走路了。最后医生告诉他，他只有两个礼拜的生命了。想着只有几天好活了，他突然感觉到了生命是那么的宝贵。于是，他放松了下来，好好把握着自己的每一天。

奇迹出现了。两个礼拜后依文斯并没有死，六个礼拜以后，他又能回去工作了。经过这场生死的考验，他明白了患得患失是无济于事的，对一个人来说最重要的就是要把握住现在。他以前一年曾赚过两万块钱，可是现在能找到一个礼拜三十块钱的工作，就感到很高兴了。正是有这种心态，爱德华·依文斯的进步非常快。不到几年，他已是依文斯工业公司的董事长了。爱德华·依文斯取得了人生的胜利。

有一首诗说得好："不要为昨天叹息，不要为明天忧虑。因为明天只是个未来，昨天已成为过去。未来的不知是些什么，过去的只能留做记忆。只有今天，才是你真正拥有的。今天，是你冲锋的阵地。缅怀昨天，把握今天，迎接明天。昨天是成功的阶梯，明天是奋斗的继续。"

如果我们整天郁郁寡欢，一直抱怨自己过去的不幸，不停地抱怨没有好运，只能让自己的人生更加不幸；如果我们整天过得战战兢兢，用今天来为明天担忧，那明天只能为后天担忧。因为你浪费了创造明天的今天，明天自然就会如同你担忧的那般不如意。

过去已无法改变，未来还没有到来，我们应该思考的是如何好好地珍惜最重要的现在。与其抱怨过去的虚度，坐等明天的到来，不如奋起努力，把握现在。只有把握好最重要的每一个现在，我们才能拥有一个真实的自己，才能挣脱昨天的痛苦，踏平一路的坎坷，耕耘今天的希望，收获明天的喜悦。

杨安谈无明

☆ 最应该高度珍惜的莫过于现在的价值。

☆ 放弃时间的人，时间也放弃他。

☆ 现在是世界上一切成功的土壤。现在给空想者痛苦，给创造者幸福。

贪心不足蛇吞象，利欲熏心必失智

古时候，在一个高山脚下，住着一个孤身汉子，名叫姜强，靠砍柴过日子。一天，姜强上山砍柴，见路边有条青皮花纹蛇被拦腰斩为两截，只有一点皮在连着。姜强是个好心人，心想：多可怜哪！就小心地把蛇接在一起，把自己的破衣裳撕下一块，替蛇包好。又把它带回家来，给它养伤。不久，这条蛇的伤口就长好了。

蛇伤好后，长得很快。一年以后就有水桶粗细，三丈来长。蛇吃得很多，姜强想自己养活不起它了，就对它说："南边离这一百里有座灵发山，那里不愁吃的，也舒展，你去那里住吧。"

青蛇向姜强点点头，就向灵发山爬去。一年以后，姜强去看它，见它已长了碾盘那么粗。

一天，姜强进城卖柴，见许多人围着看一张皇榜。他听见有人念："本朝皇上龙体欠佳，需要巨蛇肝子一斤方可医治。如有献者，封为右丞相。"

姜强听罢，想：巨蛇肝子一斤，那青蛇不是巨蛇吗？我救过它的命，又养它一年多，向它取一斤肝子，想它会答应的。那时，我就能当上右丞相，享不完的清福了。他一把撕下皇榜，带着两个卫士上灵发山去了。

姜强见了青花蛇，说明来意，那青花蛇点点头，张开了嘴。姜强手提利刀，钻入巨蛇肚内，割下一块蛇肝。青花蛇痛得吱吱直叫。

姜强见了皇上，献出蛇肝。皇帝令人将蛇肝煎熬成汤，喝了一碗，病势当即减轻了五分。皇上又传下圣旨，让姜强再去取一斤蛇肝。

姜强只得又去灵发山，找到青花蛇，说："皇上喝了一斤蛇肝汤，病好了五分，让我再取蛇肝一斤。"青花蛇听了，又点点头答应了。

姜强又钻入蛇肚里，割下一块肝子，献给皇上。

皇上又服了一碗蛇肝汤，病就好了。封姜强为右丞相。姜强当了丞相，整天吃的是山珍海味，他想：万一以后我得重病死了，岂不可惜？不如我再去青花蛇那里取二斤肝子，以备我有病时用，那就有享不完的福了。

姜强又返回灵发山，见了青花蛇扯谎说："皇上吃了那二斤蛇肝，病好了九分，命我再取点，病就全好了。"

青花蛇一眼就看出姜强生了坏心。心想：你割走我二斤肝子，当了右丞相，还嫌不足？想再割下蛇肝自己备用，留你这贪心不足的人有啥用！它张开门扇大口，一下子把姜强吞进肚子里闷死了。

以后，人们就用"人心不足蛇吞相"这句话来比喻那些贪得无厌的人。

生活在物欲横流的社会里，穿梭于为名利汲汲奔走的人群中，我们常常被欲望之绳牵引。古人云："贪如火，不遏则燎原；欲如水，不遏则滔天。"一个人有某些合理的欲望是正常的，如果过分贪心，就会乱方寸。贪心不足，心术就不正，就会失去心智，被贪欲所困，就会违背原则、道德、法律，不择手段，不顾后果，不可避免地走向堕落和毁灭的深渊，不但葬送了自己的钱途，更葬送掉了自己的前途乃至性命，还会成为人民之害、国家之祸。

有民谣为贪欲者画像："一天忙忙为的饥，刚得饱来又思衣；衣食刚得双足份，房中缺少美貌妻；有了娇妻并美妾，出入无轿少马骑；骡马成群田万顷，无有官职怕受欺；六品七品嫌官小，四品五品也嫌低；当朝一品当宰相，又想面南做皇帝。"如此对贪欲者的讽刺，真可谓入木三分。

贪心不足、利欲熏心的人是难以抵御诱惑的，当名利如潮水涌来时，他并非能够如己所言把握住自己，他早就忘记了一切，只有一个念头：我要得到它！这时，明明知道是圈套，也会经不住诱惑，以为既能得到自己想要的东西，又能进退自如。岂不知在他伸手的瞬间，贪欲就使他注定要落入他人设好的圈套，注定了被设圈套的人牵着走。从此身不由己，说着言不由衷的话，做着违背自己意愿的事，轻则弄得狼狈不堪，重则身败名裂，身陷囹圄，悔之晚矣。所以古语有云："非智之不足，非技之不胜，利令智昏，贪婪之心，才是天下祸机之所伏。"意即在此。

生活中，有多少高官人在其位而不谋其政，反而利用职权之便往自己的腰包里揽东西，他们相互勾结，贪污公款；或是拿人钱财，为人开路；或官商勾结，趁工程发标捞取钱财；利用不正当手段骗取高额贷款，用于炒地皮、炒房产、炒股票从中牟取暴利；或挪用公款作投资，等等。在贪心不足、利欲熏心的迷魂药的刺激下，他们的心变野了，胆变大了，只要能从中获利的事，没有他们不敢干的。他们的手段也由笨拙到高明，贪的数量也从小到大，从量变到质变。他们不是没有害怕过，只是心存侥幸，那么多人或明或暗地大肆贪污受贿都没有被揭发，自己又怎会那么点儿背呢？况且，人不知，鬼不觉，不会轻易被发现的。就这样，在贪欲的唆使下，他们一步一步地滑向罪恶的深渊，直至锒铛入狱，丢官为囚，自毁政治前程，落得个身败名裂的可悲下场。

生活中，有很多功成名就的英雄豪杰因迷恋权位而最终走向自我毁灭的道路。他们为了坐上更高的位置，不惜违背良知，陷害忠良，用金钱铺路。在他们眼里，权力是实现自我价值的最重要的工具。过于贪恋权柄，集大权于一身不肯轻易松手的人，实际上是很愚蠢的人。他不知道贪权的害处，或是已经知道其害处，仍执迷不悟地疯狂占有权势，败亡之祸也就临头了。

生活中，还有很多好色之徒，他们被美色熏心。有甚者受西方"性解放"等腐朽文化侵蚀，观看色情书籍或音像制品，追逐低级趣味，涉足"灯红酒绿"的不健康场所，久染成疾，身心大损，越陷越深，不能自拔。可见，全是贪欲惹的祸。

生活中，还有些人为了金钱拼命工作，丝毫没有喘息的时间。直至身心疲惫，病倒在工作岗位上。殊不知，欲望无限，而生命有限。我们应用有限的生命去做那些更有意义的事，不要浪费在这种生不带来，死不带去的对财富的追求上。

也有人见别人花钱如流水，吃着山珍美味，坐着香车，拥着美女，于是急红了眼。若是靠自己去打拼，恐怕一辈子也过不上这种潇洒的生活。于是，他们利令智昏，坑蒙拐骗，杀人越货，无恶不作，结果自然没有好下场。

诸如此类，不一而论。贪心不足、利欲熏心已成为祸患的根源。贪婪者在危害他人和社会的同时，最终必将危害到自己——害人终害己。

贪心不足、利欲熏心既然是祸端，就应尽快将其铲除。最好的办法是不要让贪欲萌芽。否则，就像把魔鬼从“潘多拉魔盒”里放出来一样，要想再次把它“装进去”就非易事了。贪欲这东西一旦萌芽，便如疯长的野草一样，此消彼长，难以除尽。为此，我们也要将其放在心灵的盒子里，并为它牢牢地上一把锁。只要锁紧它，不让它萌芽，就不会发作。那么，究竟靠谁来上锁呢？

庄子主张要达到一种超脱世俗事务和规范的“定”的心理境界，也就是说修成一种视富贵荣华、金钱名利为身外之物的心理，视之为过眼烟云，则能克服、摆脱和超越哀乐之情、利害之欲的诱惑、羁绊，这对于人生实践的指导意义无疑是积极的、有效的。

孔子说：“富与贵，是人之所欲也，不以其道得之，不处也。贫与贱，是人之所恶也，不以其道得之，不去也。”所以，孔子明志：“不义而富且贵，于我如浮云。”这些话在今天看来，不失为安身立命、明心见性的上佳箴言。只有抛却贪欲，才能心明眼亮，意坚志刚，顶天立地的做人。

而人只要具备“淡泊”的心态，“定”的境界，就能去掉贪欲，即使身处权势、金钱、富贵、名望圈中也能洁身自好，不会贪心不足、利欲熏心。

常思洪水肆虐之害，方能筑牢堤坝。常思贪婪之害，才能筑起思想防线。只有修炼自己的良好心态，才能真正做到自重、自省、自警、自律、自励，面对社会生活中种种诱惑，心不为其所动，志不为其所丧。正大光明、坦坦荡荡地做人，实事求是、踏踏实实地做事，也就一定能活得清清白白，过得快快乐乐。

杨安谈无明

☆ 不知足的贪婪者就是真正的贫乏者。

☆ 贪婪的人不能饱，吝啬的人不能富。

☆ 只贪图一时而不看长久的人，是不会幸福的。

让欲望操纵了你，你就是烦恼的囚徒

现代社会是一个极具诱惑力的社会，一些人的心里总是塞满着欲望和奢求，追名逐利的现代人，总是奢求穿要高档名牌，吃要山珍海味，住要豪华别墅，行要宝马香车。一切都被欲望支配着。

法国启蒙思想家卢梭曾对欲望太盛的人作过极为恰当的评价，他说："10 岁被点心所俘虏，20 岁被恋人所俘虏，30 岁被快乐所俘虏，40 岁被野心所俘虏，50 岁被贪婪所俘虏。人到什么时候才能只追求睿智呢？"

的确，人生的欲望永远填不满，人生的许多沮丧都是因为得不到想要的东西而产生的。

有这样一则寓言：一个年轻人听说在浩瀚的大沙漠中心有宝藏，如果谁拥有了财宝，就可以衣食无忧地过一生。于是他准备了充足的食物与水，踏上了寻找宝藏之路。可是，在沙漠中行进了几天，他不但没有找到宝藏，而且所带的食物和水都吃完了、喝尽了，没有力气再站起来。他一个人安静地躺在沙漠里，绝望地等待着死亡的降临，时间一分一秒地过去，他感觉自己快要死了，于是他做了最后的祈祷，他祈祷神给他一些帮助。

这个时候，神出现在了他的面前，问他需要什么样的帮助。他急忙回答说："食物和水，即使是很少的一份也行。"于是神送给他一些食物和水，然后便消失在浩瀚的沙漠之中。有了食物和水，他精神百倍，他站了起来，同时心中也有懊悔，为什么没有向神多要一些东西呢？他带着神给他的食物和水继续向沙漠中心走去。经过了几天的努力，他终于找到了宝藏，当他把不计其数的财宝尽可能多地放在背包里时，才发现食物与水几乎用没了。为了保存体力，他不得不一而再、再而三地将背包中的宝贝一件一件地放弃。到了最后，他的食物和水都没有了，他又一次倒下了，他心里想：神还会来救我的，我不会死的。当他快到生命尽头的时候，神又出现了，问他想要什么。他有气无力地说："我需要更多的水和食物。"

神无奈地摇摇头说："上次给你食物和水时，你如果往回走，现在应该是安全地到家了，但你没有往回走。"

人的欲望往往是无止境的，已经得到了很多，仍指望得到更多。一个贪求厚利、永不知足的欲望囚徒等于是被欲望操纵而在愚弄自己。人一旦被贪欲所操纵，常会忘却一切，甚至自己的人格；也常会丧失理智，作出愚昧不堪的行为。于是，轻则丧失生活的乐趣，重则误了身家性命。只有放下贪欲，不做欲望的囚徒，让生活回归到正常的轨道上去，不奢求天降横财，不羡慕荣华富贵，做自己该做的事情，用理智去战胜欲望，才能够充分享受生活中点点滴滴的幸福。

在陕西南部山区一个偏僻的小镇里，有一位还未脱贫的农民，他常年住的是漆黑的窑洞，顿顿吃的是玉米、土豆，家里最值钱的东西就是一个破旧的衣服柜子。可他整天无忧无虑，早上唱着山歌去干活，太阳落山又唱着山歌回家。别人都不明白，他整天乐什么呢？

他说："我渴了有清水喝，饿了有饭吃，夏天住在窑洞里不用电扇，冬天热乎乎的炕头胜过暖气，日子过得幸福极了！"

这位农民物质上并不富裕，但他却由衷地感到幸福，这是因为他没有太多的欲望，从不为自己欠缺的东西而苦恼的缘故。

与这个农民相反的是一个卖服装的商人。这个商人有很多钱，但他却终日愁眉不展，睡不好觉，面目日益憔悴。细心的妻子对丈夫的郁闷看在眼里，急在心上，她不忍丈夫这样被烦恼折磨，就建议他去找心理医生看看。于是商人前去看心理医生。

医生见他双眼布满血丝，便问他："怎么了，是不是受失眠所苦？"服装商人说："是呀，真叫人痛苦不堪。"心理医生开导他说："别急，这不是什么大毛病！你回去后如果睡不着就用数绵羊的办法吧！"服装商人道谢后离去了。

一个星期之后，他又出现在心理医生的诊室里。他双眼又红又肿，精神更加颓丧了，心理医生感到非常吃惊，说："你是照我的话去做的吗？"服装商人委屈地回答说："当然是啊！还数到 3 万多只呢！"心理医生又问："数了这么多，难道还没有一点睡意？"服装商人答："本来是困极了，但一想到 3 万多只绵羊，那该有多少毛呀，不剪岂不可惜？"心理医生于是说："那剪完不就可以睡了？"服装商人叹了口气说："但头疼的问题又来了，这 3 万只羊的羊毛所制成的毛衣，现在要去哪儿找买主呀？一想到这些，我就睡不着了！"

这个服装商人就是生活中高压人群的真实写照，他们被种种欲望驱赶着跑来跑去，疲乏至极，每天睁开眼睛想到的是金钱，闭上眼睛又谋划着权力，日复一日，年复一年。试想，这样的生活，能不累吗？被欲望沉沉地压着，能不精疲力竭吗？

因此，我们要对那些不必要的欲望加以节制。否则，我们就会受到越来越多的限制，失去越来越多的自由与幸福。那么，我们要节制哪些欲望呢？

首先，我们应该节制金钱欲。当然，没有钱是万万不能的，因为我们的衣食住行都还得靠它。但君子爱财，取之有道。不该你得的，千万不要有非分之想。

其次，我们应该节制色欲。有人说，钱、色是一对孪生兄弟，所谓饱暖思淫欲。社会中有一些玩弄女性、养情妇、包二奶的人，甚至还有嫖娼宿妓的人。但是，我们不妨静下心来看一看，这些人的结局不是走进监狱，就是身败名裂。

最后，我们应该节制权力欲。一个人踏上从政的道路，在政治上追求进步，也是正常的。然而，官有两种做法，一是往上做，一是往下做。显然，越往上做，位置越少，资源也就越稀缺。因此往上做，有时是可遇不一定可求的，有时又是可求而不一定可得的。一个人如果官欲太强，为了达到目的，往往还会不择手段。

古今中外的无数事实表明，过度的贪欲不是幸福，而是一种自我放纵。如果一个人面对金钱的诱惑而利令智昏，面对权力的诱惑而官瘾难耐，面对美色的诱惑而迷乱失态，则必定会在欲望的操纵下，一步步滑进诱惑的囚笼、罪恶的深渊。

人最大的敌人是自己，最难战胜的也是自己。所以，在不少人心中放下贪欲是非常难的。其实，让自己不成为欲望的囚徒，也并不是一件困难的事情。只要我们懂得在自己的心里为欲望设置一个底线，就可以成功地控制欲望了。

一位商人带着自己十几岁的女儿去参加一场拍卖会。女儿看中了一位音乐家收藏的塔罗牌，这副塔罗牌原价20元。商人知道女儿喜欢那位音乐家，于是就问她愿意为那副塔罗牌付多少钱，女儿想了想说愿意多付100元。商人说：“那好，100元加上原来售价20元，这就是你的最高出价，也就是底线，超过这个就放弃。”

竞拍开始了，女儿开始举牌，商人坐在她旁边，感觉出她很紧张，生怕别人和她竞价。这次竞拍者很多，而且喜欢那位音乐家的人也不少，对手并不会因为她是孩子而放弃的。

对手已经加价到100元了，女儿嘀咕了一句："糟了，快到了。"

这句话亮出了自己的底牌，商人知道这是拍卖中最忌讳的，就用胳膊肘碰了女儿一下，女儿意识到自己说错话了，但已无力挽回，只见塔罗牌一路上涨，冲过了120元底线。这时女儿还想举牌，却被商人抬手制止了。

走出拍卖厅，商人安慰情绪低落的女儿说："你虽然没得到那副塔罗牌，但是你今天学到的东西比这副牌更有价值。人的欲望是无止境的，你今天学会了为欲望设定底线，这很好。很多人失败就是没控制好底线，结果成了欲望的囚徒。"

欲望是一个无底洞，如果不懂得给自己设置一个底线，人就很容易在欲望的操纵下，头脑发晕，作出一些非理性的举动，到最后，自己也就只有坐在囚牢里默默忍受伤痛的份了。

适当地修剪一下自己的欲望枯枝吧，别让那些不必要的贪念操纵你的意志，腐蚀你的生活，别让自己成为欲望的囚徒。试着将欲望减少再减少，你会看见内心真我的需求在静静地显现。这样，你才会发现真实的、宁静的生活才是最快乐的。拥有这种超然的心境，你就能做起事来不慌不忙、不躁不乱、井然有序。面对外界的各种变化不惊不惧、不愠不怒、不暴不躁。面对物质引诱，心不动、手不痒。没有小肚鸡肠带来的烦恼，没有功名利禄的拖累，活得轻松，过得自在。白天知足常乐，夜里睡觉安宁，走路感觉踏实，回首人生时没有遗憾，只有满满的幸福与美好。

杨安谈无明

☆ 贪欲会使雪亮的眼睛失明，贪欲会使鱼和鸟在网中丧命。

☆ 贪欲犹如炭火，必须使它冷却，否则，那烈火会把心儿烧焦。

☆ 有贪欲的人想把什么都得到，结果却会把什么都失掉。

少一点贪心，才能真正地活在当下

“活在当下”是禅宗的名言，是说人应该放下过去的烦恼、舍弃未来的忧思，把全部的精力用来承担眼前的这一刻。

现代人常觉活得烦闷，总觉得有太多的愿望和目标实现不了，感觉幸福离自己很遥远。其实，幸福就在当下，就在我们每天可以掌控的生活细节里，可有些人却偏偏为天边遥不可及的幸福疲于奔命。最终令人筋疲力尽的往往不是要做的事情的本身，而是事前事后患得患失的贪心。因为贪心，故而患得患失；因为贪心，所以怕种种希望落空；因为贪心，所以绞尽脑汁；因为贪心，所以活得很累。贪心，让人看不清幸福的真相；贪心，让人容易产生焦虑；贪心，让人常常被外界所影响。于是，心情忽忧忽喜，情绪忽好忽坏，这就活得很不自在。只有少一点贪心，才能真正地活在当下，才能放下过往，并且不再为未来而担心，才能感受当下这一刻的安详、平静和快乐。

有个小和尚，每天早上负责清扫寺院里的落叶。清晨起床扫落叶实在是一件苦差事，尤其在秋冬之际，每次起风时，树叶随风飞舞吹得到处都是，要清扫便很困难，需要花很长时间才能清扫完，这让小和尚很烦恼。总想要找个好办法让自己轻松一些。

后来，有个和尚跟他说：“你在明天打扫之前，先用力摇树，把落叶统统摇下来，那后天就可以不用扫了。”小和尚觉得这是个好办法。于是，第二天他起了个大早，使劲地摇动着树，他希望把今天和明天的落叶一次扫干净，扫完后小和尚很开心。

第二天，小和尚到院子里一看，他不禁傻眼了，因为院里如往日一样飘满了落叶。这时，老和尚走了过来，对小和尚说：“傻孩子，无论你今天怎么用力，明天的落叶还会照常飘下来。”小和尚终于明

白了，世上有很多事是无法提前的，不要贪心地去期望安乐自在，认真地活在当下，才是最真实最自在的人生态度。

若不能活在当下，那么无论是有钱人还是没钱人，统统活在不快乐中，因为他们都有不满足的地方。而活在当下，则是指活在知足中，活在满足中，不过多地去贪求干什么，或者攀比什么，这样的人生才比较充实而快乐。

心理学家吉伯特和柯林沃斯研究表明，人只有活在当下时才是最快乐和幸福的。他们表示，大多数人用46.9%的时间去胡思乱想，而这段时间最不快乐，即使想的是愉快的事，也容易让人陷入伤感、哀伤等消极情绪中。比如，人们很容易用曾经的快乐对比现在的平淡，并因此而哀伤。

也就是说，如果我们能够调整自己的心理，让自己活在当下，我们的幸福感会大幅提升。活在当下是一种积极的、能带给我们幸福的心理力量。遗憾的是，人们总是因为贪心于这样或那样的拥有而使这种力量沉睡，从而感到不幸福，感到痛苦、忧虑、哀伤。

一般来说，大多数人都觉得自己的幸福是在过去或者未来，而不是当下。显然，认为幸福已经过去的人往往是经历过什么变故，一时难以接受巨大的落差的人。然而，这一切都只是暂时的。人都有适应环境的心理本能。无论怎样痛苦，这种本能都能将其治愈。

不过，虽然这种本能能够帮助人们走出痛苦，平复哀伤。但是，它也会让我们对当下的幸福视而不见。因为太过熟悉，所以习以为常，不再放在心上，时常忽视。

比如，每天都与家人在一起，被他们关爱，但因为这是习以为常的事情，便不觉得这是一种莫大的幸福。直到有一天，由于追逐心中的欲望而独自一人漂泊异乡时，我们才意识到与家人为伴是一种多么大的幸福。只是当时自己的所思所想往往是另外一种幸福，如事业有所成就，追求到自己喜欢的人等。人就是这样，因为太过熟悉、适应而忽视了当下的幸福，却总是贪心地在想过去、想未来，在胡思乱想中蹉跎了自己的时光。渴望幸福的我们，需要让自己活在当下。当然，这并不是一件容易的事。就像心理学家埃伦·兰格说的那样：“每个人都知道活在当下很重要，但问题是如何去做。当人们不在当下时，他们往往没有意识到自己现在、此时不在当下。”

阻碍我们活在当下的积极状态的因素有两种，它们都是我们固有的心理本能——分心与适应，这两种心理本能往往都来自于贪心于新的拥有。要想克服它们所带来的消极影响，快乐地活在当下的确不易。不过，心理学家们为我们提供了一些方法，我们不妨参考一下。

1. 少一些自我意识，多一些关注外界

有时候人的自我意识太过强烈，往往容易引发各种负面情绪。比如，当你演讲前，你会非常紧张、担忧，那是因为你太在意自己表现得如何，太在乎别人对自己的评价，你的这种自我意识越是强烈，负面情绪就越是严重。这时，如果我们能够少一些考虑自己，少一些自我意识，多一些关注外界，如你被台上精彩的演讲所吸引并沉浸其中，那么你就不会紧张，更不会担忧，你的心会被另外一种充实感、趣味感所填满，非常愉悦。

心理学家埃伦·兰格在其著作《正念》中指出，非自我意识能够模糊自我和他人之间的界限，在这种心理意识的作用下，人很可能把自己当作人类的一部分，甚至更广阔的宇宙的一部分。显然，这种如佛家所说的“与万物合一”的心理状态是非常宁静、平和的，非常让人享受的。

2. 品味当下，尽量少陷入对未来或过去的思绪中

所谓品味，心理学家将之定义为欣赏或纵情享受你在当下所做的任何事。心理学家们指出，每天花几分钟时间积极品味当下正在做的事情，如吃一顿饭、喝一杯茶、走向公交车站等，你将会体验到更多的快乐、幸福和其他积极情绪。

生活中，我们常常是这样的：“这饭菜没有我上周吃的可口”、“明年我要住比这更好的房子”……我们总是陷入对未来或过去的思绪中，却忘

了体验当下，以致幸福感缺失。只有像《幸福的方法》上所说的，既不过于在意未来，也别太纠缠于过去，用心品味当下，我们才会更幸福。

3. 全神贯注地做事，忘记身边的一切

当人们全神贯注地做事时，其注意力保持得非常集中。这时，我们完全感觉不到时间的流逝，即使好几个小时已经过去了，也不会注意到。我们内心会被一种充实感占据，没有多余的心力去担忧、焦虑、贪求自己的得失。而全神贯注带来的成功也会带给我们成就感，强化我们内心的幸福体验。

4. 淡定地接受烦恼，不逃避也不拒绝

生活中，人们在遭遇困难的时候，大多数人的心理倾向是逃避。如，失恋时，大多数人要么否认对方已经不爱自己的事实，努力做着毫无意义的挽回工作；要么与这个事实对抗，勉强自己更快乐，努力去找更优秀的恋人等。其实，这两种做法都是逃避心理的表现。这种逃避和拒绝有时候也是一种贪求。因为人生不可能没有困难，战胜困难往往是幸福的来源。逃避困难只会使问题变得更糟，会放大痛苦，而我们的心理状态也会随之更差。

正确的、积极的做法是以开放的心理来对待困难，淡定地接受暂时的挫折，这并不代表不思进取，而是在尽力追求美好的同时，接受不可改变或既定的事实。比如，你因没有被晋升而懊恼，那么你应该淡定地接受，承认自己是失意的，既然此事已成事实，就别再多想，重要的是活在当下，努力做好正在做着的事情。这样才是最正确地对待，最有效的追求，最积极的方法。

“何必眉不开，烦恼无尽时，一切命安排，当下最悠哉。”少一些贪心，就会多一些对现在的珍惜；少一些贪心，就会多一些对美好的感知；也只有少一些贪心，才能真正地活在当下，全身心地投入人生。于是，全部的能量都会集中在当下的这一时刻，心灵的潜能会被身边曾经视而不见

的清美与丰富触动、激发；生活从此会过的安然、踏实、充盈、积极和超脱，人生将升华到前所未有的广阔境界。

杨安谈无明

☆ 抛弃今天的人将被明天抛弃。

☆ 不要为已消失的年华叹息，而要珍惜每一刻正在匆匆溜走的时光。

☆ 大多数不快乐的人，往往低估了自己所拥有的，又高估了别人所拥有的。

珍惜现在拥有的，心怀感恩，明天才会绽开幸福之花

每个人都想要幸福的生活，想要自己喜欢的生活方式，让自己过得快乐，活得幸福。但是有的人得到了别人无法得到的一切，他们却并不感到幸福；相反，有些人虽然一贫如洗，一无所有，但是他们却无比幸福。之所以出现这样的结果，是他们的心灵在左右着他们。

从不对生活感到满足的人，他永远是活在自己对明天的憧憬之中，这让他无法真真切切地把握现在的存在，也永远无法拥有明天的幸福。只有懂得珍惜现在，珍惜拥有，心怀感恩的人，快乐才会陪伴着他，“明天”才会在“现在”扎实的根里开出灿烂的幸福之花。

珍惜现在、心怀感恩是一种生活态度，是一种美好情感，一种善于发现美并欣赏美的道德情操。

珍惜现在、心怀感恩是一种健康心态，是一种积极动力。有了这样的感情，生命就会得到幸福的滋润，时时闪烁着纯净的光芒。

我们现在所拥有的一切都是继承昨天的成果和实现明天的理想的桥

梁。珍惜现在、心怀感恩，可以让你更好地懂得昨天的艰辛以及明天的美好得来不易。懂得珍惜自己的拥有，心怀感恩的人，才会真正的做命运的主人，生活才会开出幸福之花。

有一位徒弟问师傅："师傅，怎样才能拥有幸福的生活呢?"

师傅笑着说："我给你讲一个故事吧，有一个富翁他家财万贯，住在人人羡慕的别墅里。富翁已经60岁了。他家斜对面住着一个年轻的小伙子，小伙子靠打工为生。每天小伙子骑着自行车路过他家时，富翁就会非常感慨：'我要是还跟他一样年轻该多好啊!'与此同时，小伙子也非常羡慕富翁，他总是在想：'我要是跟他一样住着豪宅，开着豪车那该是多么幸福的事情啊!'二人每天都非常羡慕彼此，富翁希望回到从前的自由自在，而小伙子希望自己将来也能成为富翁，为此两人总是觉得自己的生活很不好，总是唉声叹气。"

"是啊，小伙子羡慕富翁有钱，而富翁虽然有很多钱可是青春已经不再。"徒弟点点头。

师傅接着说："在他们两家的路旁，有一个鞋匠。鞋匠总会拿出一件件破旧的衣服，然后晒在阳光下，自己则闭上眼睛。二人很是不解，终于忍不住问：'你在干什么?'，鞋匠眼睛也不睁地说：'我在享受阳光，享受现在!'"

徒弟似懂非懂地点点头，师傅接着说："幸福并不是一定要有什么样的生活条件才可以，真正幸福的是你能够珍惜现在的拥有，感恩你的生活。只有你能够珍惜和感恩你现在的阳光，你的生活才是幸福的!"

这个故事告诉我们这样一个道理：无论过去和未来是什么样子的，我们现在所拥有的才是最珍贵的，才是让我们最能感受到快乐的。如果只是怀念过去，憧憬未来，对当下不满，那么你的生活就是灰色的。我们应该抓住我们这一刻手中存在的东西，因为它会让我们在这一刻感到快乐，感到幸福。

有些人总是会把自己的眼光和思想放在未来，这没有错，只有拥有了目标，人才会为此付出努力。但是有了伟大目标了并不代表你就可以放弃现在，你更不能把明天的美好憧憬和现在的状况作比较，进而抱怨当下。你所拥有的现在才是最珍贵的，你所把握的现在才是最有价值的。如果你不能感恩当下，不能珍惜你现在的所有，那么你的目标再远大，也不会有实现的可能。更有甚者，还会完全忽略了今天的重要性，将其白白放手，最终一败涂地，一无所获。

一位学生经过了几年的努力却高考失利，高考的落榜让他难以接受，他难以说服自己去看淡失败。他心灰意冷，情绪十分消沉，他觉得他的人生从此以后就改变了方向，自己的人生也不会再有希望。

一个朋友劝说他："失败是不可怕的，高考落榜的人有很多，我们大可不必为此伤心，还有自学考取大学这条路嘛。"

然而他却觉得这样考取大学的希望实在是太渺茫了，因此对这件事没有在意。

他每天都想着自己美好愿望的破灭，心中没有斗志。他找了一份工作，但是却总是做得马马虎虎，得过且过，混一天算一天，不是上班迟到，就是在工作时间打瞌睡。冬去春来，他在彷徨、叹息中，几年的时间就悄悄地流逝了。

有一天，他的好友非常兴奋地跑来，高兴地给他看了一个东西。打开一看，原来是一张大学毕业证书。他惊呆了，好友竟然在自己不知不觉的情况下读完了大学。再想想自己，虚度了几年大好光阴，没有一点收获。他懊恼地捶打自己的头，悔不当初。

时间总是沿着过去现在到将来的方向永远前进，不会为了谁而停下自己前进的脚步。如果你不懂得珍惜，总是怀念着过去，盲目憧憬着未来，那么你就不能很好地把握现在，你手中所拥有的幸福也就被你放掉了。

珍惜才会拥有，感恩才能长久。感恩的态度可以使我们把注意力集中在我们想要的东西上。当你对已经拥有的事物表达感恩，你就会发现，你所拥有的也会一直增加。我们会越来越占据生活的天时地利人和，会越来越接近梦想。同时我们会施予别人更多的爱心。我们也会生活得越来越幸福，你会发现一切都在良性循环着。

一些人总是对现状、对生活感觉到厌恶，那恰恰是因为他们在一味地怨天尤人，没有珍惜现在的拥有，没有用感恩的心发现生活中亮丽的色彩。

每年11月的第四个星期四，是美国人民非常喜爱的传统节日——感恩节。在这一天，美国人民会虔诚地感恩这个世界，甚至当遇到陌生人时也会送上祝福，感恩消除了彼此的警惕心，拉近了彼此的距离。感恩节让人们知道了，心存感恩就能以积极乐观的心态相处，进而收获快乐和成功。我们应该把每一天都当作感恩节来过，这样才会让我们充满对这个世界的热爱，幸福才会一直伴着我们生活。

有人说，感恩也是一种习惯，也需要发现。曾几何时，我们浮躁了安分的心，膨胀了私己的欲望，却忽略了至美的情感；在呼唤世界充满爱的同时，却忽视了身边最真切的感情；在寻找友情的同时，却冷漠了至爱的亲情。生活中不是缺少美，而是缺少珍惜。学会珍惜，你会感受到现在所拥有的平凡中的美丽；学会感恩，你会感受幸福中的细微与丰富。

这是刊登在《读者》上的一篇文章：

> 洛杉矶的一家旅馆。早晨，三个黑人孩子在餐桌上埋头写着感恩信。这是他们每天必做的功课。老大在纸上写了八九行字，妹妹写了五六行，小弟弟只写了两三行。再细看其中的内容，却是诸如“路边的野花开得真漂亮”“昨天吃的比萨饼很香”“昨天妈妈给我讲了一个很有意思的故事”之类的简单语句。原来他们写给妈妈的感谢信不是专门感谢妈妈给他们帮了多大的忙，而是记录下他们幼小心灵中感觉很幸福的一点一滴。
>
> 他们还不知道什么叫大恩大德，只知道对于自己现在所拥有的每一件美好的事物都应心存感恩。他们感恩母亲辛勤的工作，感恩同伴

热心的帮助，感恩兄弟姐妹之间的相互理解……他们对许多我们认为是理所当然的事都善于珍惜，心怀感恩。

善于珍惜你所拥有的，懂得感恩，你才能体会到幸福的滋味，你才能体会到你所拥有的快乐。

珍惜与感恩不是不请自来的，它需要不断地培养和造就。感恩大自然，是它给我们提供了生存环境；感恩祖国，是它给了我们尊严、独立、自由；感恩父母，是他们给我们生命，养育我们成人；感恩老师，是他们教给我们知识、技能及做人的道理；感恩同学的互勉，感恩朋友的互助，感恩社会的舞台。感恩顺境，是它使你更有动力；感恩逆境，是它使你更有韧力。感恩你的健康，感恩你的家庭，感恩你的工作，感恩帮助和提点过你的每一个人，感恩你的美餐，感恩你的宠物，感恩你周围点点滴滴的美好，感恩你现在所拥有的一切！

就算你面临着巨大的压力，也要先看到这个世界美好的一面，这样，你的心里就会经常阳光明媚，经常晴朗，经常有花的清香，经常涌动着和平与满足，而那些压力，那些烦恼和忧伤呢？不知什么时候就烟消云散了。

这个世界需要我们拥有一颗感恩的心，当一个人懂得对这个世界心存感激时，他就会把自己的感恩化成充满爱心的行动。乌鸦有反哺之情，羊羔有跪乳之义，大海给了鱼儿畅游的乐园，鱼儿带给大海生机；天空给了鸟儿翱翔的自由，鸟儿还给天空一片欢乐；大地给了草木肥沃的土壤，草木把一片青绿留给大地。动植物尚且如此，何况我们人类呢？我们也应该像它们一样学会感恩，懂得爱这个世界，珍惜自己的生命，进而享受生命中的幸福。

珍惜、感恩与幸福同行，只有珍惜现在的拥有，心存感恩的人才会懂得什么是真正的幸福。他们会在感恩的过程中奉献出自己的爱心，贡献自己的力量，进而在奉献的过程中成全了别人，也完善了自己。

你是否还在为生活中的种种矛盾而烦躁不堪？你是否还一味地活在过

去和将来而忽略了现在？你是否还在盲目地追求着一些虚无缥缈的东西？你是否还在把一切都耗费在低落、抑郁、不平的心境里，不断地自我折磨？

试着珍惜现在的拥有，心怀感恩吧，它是让你心情好转的良药，更是使你明天绽开幸福之花的至为关键的肥料。你可以去感受每一片阳光的明媚，每一阵清风的舞动，每一朵白云的悠然，每一块绿茵的朝气，每一只动物的活力，每一个笑脸的甜美。想想，你的一生难道就注定要在疲惫不堪的追逐里永远错过这样的美好了吗？再想想，上天赐予我们生命，赐予我们亲情、友情、爱情，赐予我们勤劳和智慧，难道是想让我们生活在不懂珍惜、不懂感恩的心境里失去对幸福的感知能力吗？

只有珍惜现在的拥有，心怀感恩，我们才会更加热爱自己和他人；才会更加珍爱亲人和朋友；才会更加珍惜现在和将来。珍惜现在的拥有，心怀感恩，让我们以知足的心去体察和珍惜身边的人、事、物；让我们渐渐地在平淡的日子里，发现生活的丰富和多彩；让我们领悟和品味命运的馈赠与生命的挫折；让我们明白自己拥有的一切原来如此美好，让我们看到明天的幸福之花已随之开遍漫漫的生命之途。

杨安谈无明

☆ 黄金时代就在我们的现在。

☆ 不要沉浸在回不去的过去，要明智地改善现在。

☆ 智者居陋室而幸福，淡得失而快乐，他们珍惜自己所拥有的一切。

第四章

花花世界扰人心，内求方是人生道

在『乱花渐欲迷人眼』的花花世界中，提升高雅的沉思能力，不在模仿和跟随中迷失自我，依照内在的真我的价值活着，并将塑造积极、勇敢、乐观、坚定、丰富、高尚的内心意识铭刻在脑海里，转化为内心信念，我们才能在乘风破浪中，收获真正的大成人生。

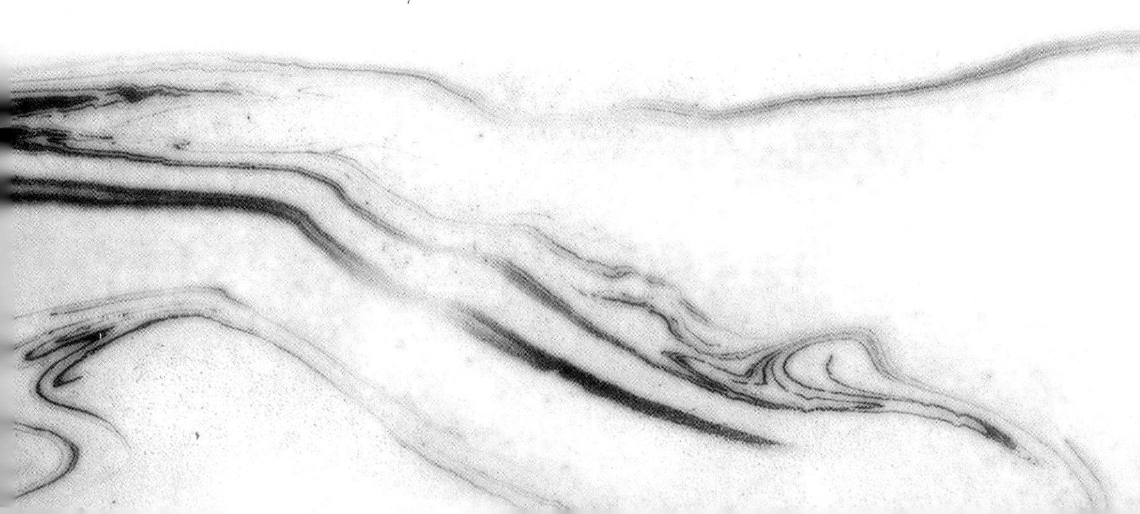

宁要高雅的沉思，不要低俗的快乐

一个人的存在价值，在于他的精神而不在于他的肉体，而真正体现一个人的精神个性的，莫过于这个人的思维。思想的高雅还是低俗，决定了一个人的身心健康、功业成就与终身幸福。高雅的沉思能让人在“乱花渐欲迷人眼”的纷繁杂事中，对事物的真、善、美与假、恶、丑作出符合时代精神和社会发展规律的正确科学地判断，这是避免失败走向成功的强有力地保证。而低俗的快乐却能消磨人的意志，使人的精神颓废，生活庸俗，损害人的身心健康成长，使人误入歧途，走向邪路，背离真理、成功与幸福。

格言说得好：低级趣味来源于精神的萎靡，给人的消极影响将是持久的。低俗相对于超凡脱俗、高尚情趣、积极上进、令人奋进等社会进步意义和价值而言，主要是指低级趣味、庸俗，使人萎靡、颓废的思想和行为。

习惯是后天养成的，追寻低俗快乐的情趣也是一个人自己在生活中养成的。在这个世界上，保持纯洁的灵魂很难，但是很重要，稍一不慎，就会掉进低俗快乐的旋涡之中。而低俗快乐正是失败滋生的土壤。

吃鸡蛋本来是有益于身心健康的，但当一个人以吃生鸡蛋为乐趣，并且以偷别人家的生鸡蛋吃为乐趣的时候，他就陷入了低俗快乐的沼泽中；打麻将本来是一种娱乐，亲戚朋友间偶尔小小的赌一点也无可厚非，但一旦嗜赌成癖，就会陷入万丈深渊……有了这些低俗快乐的人，他们产生一念之差的概率就会比别人要高得多。

一些低俗快乐的生活，往往发生于一些不好的幻想。这些幻想在我们

精神无意识的运动之下，可以编织成一张大网，一张充满诱惑的网。每一个幻想中的人或者事物，都在这网中出现，都会向我们作某种暗示，这种暗示有时会带给我们福音，有时却是灾难性的。

如果这种力量没有得到正确利用的话，就会使我们的生活偏离正常的轨道，给我们带来无法挽救的灾难。

一天，一只老鹰突然从悬崖峭壁上凌空飞出，它展翅飞向高高的天空，身形矫健，但是一会儿，它就变得摇摇晃晃，在天空中像一只瞎猫在地上一样的找不着方向。最后，这只可怜的老鹰支持不住了，先是一边的翅膀无力的耷拉下来，接着另一边的翅膀也耷拉了下来，很快，它就坠落到了地上。

一个过路人见到这种情形，很奇怪，就抓住了老鹰，发现在它的翅膀下，在它的深深的羽毛中，有一条很小的小蛇缠在了那里。可能是在老鹰不在家的时候，小蛇潜伏了进去，等老鹰回来就溜到了它的身上。当老鹰在天空翱翔的时候小蛇就乘机伸出自己的毒牙，释放自己的毒液，这样中毒的老鹰就很快掉了下来。

低俗快乐就像那条毒蛇，在你不经意间，潜伏到你的生活中、性格中、工作中，不知道在什么时候就会侵害你。

如果你没有坚强的毅力，没有抵制那些腐蚀心灵的不良因素的话，那么，你周围的环境和你的将来就会发生变化。你将会逐渐地在思想上中毒，走向邪路，而且必然会目光短浅，思想狭隘，知识贫乏，缺乏崇高的理想和生活目的。你将会放弃自己坚持过的信仰、做法和习惯，你将无法面对你的家人，你的朋友。你与他们和睦、欢笑、快乐相处的日子已经一去不返。你的智力和能量就会大打折扣。而且，当你想改变这种状况的时候，就会很难很难，没有坚强的意志，不懈的努力是做不到的。

但是高雅的沉思却有着难以估量的益处。

首先，它能增强人们对生活美的感受能力。

在大体相同的生活环境里，思想感情高雅或粗俗，对人们的生活无疑有着不同的影响。有的人能够无限地领略和创造生活之美，而有的人只能因感到生活枯燥乏味而悲哀。高雅的思想感情能给人带来愉悦，使人的情绪得到净化、道德得到提高。而低俗的快乐却只能带来某种感官刺激和低级趣味的满足，往往是一个人不求进取乃至道德败坏的重要原因。可见，丰富高雅的思想感情增强了人们获得美和享受美的能力，是人们生活幸福的重要主观条件。

其次，高雅的沉思能够陶冶性情，使事业和生活更加完美。

要改变一个人粗俗的品行，可以采取多种方法，但最好的方法莫过于培养他的思想感情，沉淀他的思想，典雅他的情致，柔顺他的脾性，美化他的心灵，使他变得高尚和文明起来。

有这样一个故事，说的是音乐的美能使一对吵架的夫妻重归于好。

有一次，德国音乐家梅亚贝尔和夫人发生口角，两个人都怒气冲冲。梅亚贝尔强忍怒气，坐到钢琴前弹起肖邦著名的《夜曲》，他很快被那优美的旋律吸引住了，似乎忘记了刚刚发生的不快。他的妻子也深深被琴声打动而怒气全消，亲切地走到梅亚贝尔身旁，和丈夫热烈地拥抱起来。

还是休谟说得好："一经进一步思考，我发现，这种趣味倒是提高了我们对一切温柔愉快的激情的易感性，同时也使心灵不能产生那种比较粗鲁暴烈的情绪。"又说："没有什么能像研究诗、雄辩、音乐、绘画那样能够改善脾性的了。它们提供了其他人所不熟悉的某种优雅情感。它激励起来的情绪柔润而温和。"

由此可见，高雅的思想感情是治疗易怒习性、陶冶气质性格的灵丹妙药，它可以使人变得文明而睿智，使事业和生活更加完美。

那么，怎样培养高雅的沉思能力，防止低俗快乐的侵蚀呢？

1. 学会鉴赏社会生活的美

这种美包含在人类的经济生活、政治生活、道德生活中。只要你把美

好心灵呈现给社会，社会美便会源源不断地涌向你的心扉，使你应接不暇。每一个美的形象，都会使你猝然生情，心旷神怡。

（1）物质生活之美

人们运用现代先进的科学技术，创造了引人入胜的物质世界。我们可以通过参观、考察、游览现代化城镇与农村，从它们的发展变化中领略社会生产力所创造出来的美的具体表现。

（2）社会风尚之美

社会风尚是劳动人民千百年来在实践中形成的，是一种比较稳定的秩序：人们把文明礼貌、讲究卫生、助人为乐、敬老爱幼、遵守公共秩序视为美，而把粗鲁、自私、不遵守公共秩序视为丑。

（3）生活理想之美

在人类生活中，只要能够以恰当的形式显示人的健康向上的本质力量的事物，都是美的。探索宇宙的奥秘，改造人类生存的条件，追求真理，日常生活中的友谊、爱情，崇高的共产主义理想等，都体现了美的风貌，都是社会美的表现。只要我们躬身寻觅，社会美是无穷无尽的。

2. 学会欣赏自然美

自然美包括天然自然美和人造自然美。

3. 学会领悟艺术美

所谓艺术，也是通过塑造具体形象反映社会生活，表现作者思想感情的一种社会意识形态。美是艺术的本质，艺术美是通过艺术作品表现出来的。欣赏艺术美是主体审美的认识活动与艺术作品所表现出的思想感情的融通，并产生强烈的情感共鸣。人们通过艺术的保存和交流，不但可以欣赏到分散在广阔生活领域里的美，而且可以欣赏到现实生活中已经消失的美。

不过，在培养艺术修养中，一定要注意欣赏真正的艺术，对那些打着艺术幌子的黄色书刊、杂志，录像、图画等一定要拒之门外，坚决抵制。因为，前者能使你的心灵得到净化；而后者则有可能使你掉进“浊水污流”，堕入“地狱。”

4. 在实践中提高高雅的沉思能力

高雅的沉思能力是一种善于在生活、自然、艺术中发现美的能力，这种能力不仅是一种感觉上的能力，而且是种对美的本质的认识能力。审美能力并不是天生的，而是后天获得的。这种能力的获得是和审美经验的积累以及艺术素养、文化知识等因素有密切联系的。在实践中提高审美能力，可以从以下几方面入手：

（1）培养审美感受力

审美感受力包含多种心理功能，如感知、想象、理解、情感等。

（2）培养审美鉴赏力

审美鉴赏力是对审美对象进行鉴别与评价的能力。它包括对审美对象的美丑的识别；对审美对象的审美性质的深刻理解与评价；对审美对象的类型、情感的鉴别等。

（3）塑造美的人生

审美活动的最终目的，是促使人不断完善和发展自己，按照美的规律塑造自己，培养理想人格：

①塑造外在美。人的外在美主要是指人体健康的美、姿态仪表和举止行为合乎礼仪的美。它是人的形体仪容、姿态、言谈、举止风度的美的综合。

②提升内在美/人的内在美，又称为人的心灵美或人格美，主要是指人的思想、情感、性格品质、道德情操，意志行为的美。内在美是人的一种本质美，它通过人的表情、语言和行为等途径表现出来。外在再美，心灵丑恶其思想行为，于社会和他人都是有害的，也只会引发他人的厌恶。人的内在美，首先表现在品德情操等素质方面：品德，体现着一个人的自觉的道德意识和良好的道德行为和习惯。在复杂的社会生活中，对于真与假，善与恶、美与丑有所判断，形成关于真、善、美的价值观念，进而对于真、善、美有所追求。

通过严格的自我要求和刻苦的思想锻炼，努力加强自我修养，塑造自己美的心灵，不仅是人类进步事业的要求，也是人的生命存在的积极意义。

③树立理想美。崇高的理想不仅可以提高审美的趣味，明确美的创造目标，成为激发美的创造动力，而且，崇高的审美理想能够帮助人自觉抵制低俗的审美情趣，形成积极、乐观的生活态度，拓宽个人的境界，实现自己的人生美。

5. 要善于区分正当的兴趣爱好与低俗趣味的界限

认识培养正当的爱好和兴趣的重要意义，认清低俗趣味的危害性。

6. 培养要好

要积极提倡和培养正当的爱好和兴趣，对于低俗、不健康的东西，要进行批评，抵制。

7. 和不良习气作斗争

如不文明的语言和行为、懒惰等，不良习气如不能及时克服，也容易沾染低俗趣味。克服了不良习气，也就易于抵制低俗趣味了。

高雅的思想感情是人生最根本最持久的推动力，是取得所有伟大成就的根本要素。低俗的感情趣味则是人生最可怕的敌人，会使人渐渐失去把握自身命运的力量，落入邪恶与失败的深渊。

因而，我们要积极培养和提升高雅的沉思能力，这样，我们才能在矛盾中摆正心态，在失落中重新定位，才能“百尺竿头，更进一步”，获得人生的大成！

杨安谈无明

☆ 能高雅的沉思的人，才真是一个力量无边的人。

☆ 首先是最崇高的思想，其次才是其他；没有最崇高的思想做指导的社会是会崩溃的。

☆ 寿命的缩短与低俗情趣的虚耗成正比。

随波逐流，迷失的只能是我们自己

世界上没有完全相同的两片树叶，你有你的特色，我有我的色彩。任何时候都不要因为自己与别人的不同，或者潮流的变化就随波逐流，迷失了自己。现实世界丰富多彩，有着巨大的诱惑力，为了跟从时尚而不断地改变自己是可笑的，也是可悲的。

有一位大师级的人物曾经说过："倘若你把整个世界弄到手，却失了'自我'，那就等于把王冠扣在苦笑着的骷髅上。"世界上最可怕的事情就是迷失自我。一旦随波逐流，迷失的就是自我，这样，无论如何都无法取得成功。但是，在现实生活中，随波逐流的人却大有人在。由于轻信和盲从，人们总是习惯于服从大多数人的建议和看法，别人向东我向东，别人向西我向西，大多数人赞成的看法就会被认为是对的。这些人用既成的眼光看待问题，追求大众的判断，没有主见，犹如墙头之草，在风力的作用之下，常常迷失自我，很难在自己的事业上有所突破，更难以有所成就。

现实中的从众心理就是一个很好的证明。从众心理是指个体受到群体的影响而怀疑、改变自己的观点、判断和行为等，以和他人保持一致的心理。对于这种行为要求的依据或必要性缺乏认识与体验，跟随他人行动的现象，在日常生活中通常表现为无主见的随波逐流。在认知事物、判定是非的时候，多数人怎么看、怎么说，自己就跟着怎么看、怎么说，人云亦云；多数人做什么、怎么做，自己也跟着做什么、怎么做，缺乏独立思考的能力。

随波逐流的主要特征有四点：

1. 具有盲目性

对集体和他人的思想行为不作任何思考分析，而盲目跟从。随波逐流会泯灭个体的独立性和创造力，容易混淆是非，助长歪风邪气，也容易诱发集体犯规。

2. 具有两面性

不少随波逐流的人，一方面能坚持独立思考，但另一方面又缺乏主见。当自己的判断与别人不同时，便以为是自己的判断错了，在别人错误判断的干扰下，往往动摇信心，丧失主见，乃至改变自己的态度，作出错误的选择。

3. 具有被迫性

有的人虽然相信自己的判断没有错误，别人的判断是错误的，但怕人说“标新立异”，或怕别人讽刺、嘲弄，于是随大流，人云亦云，作出了与众相同的判断和行为。

4. 具有普遍性

由于群体直接或间接的压力，大多数人都有把自己的判断和别人的判断进行比较的思维习惯。当发现自己的意见和行为与集体的相悖时，就往往会感到心理紧张和不安，觉得有一股无形的压力，并试图调整自己的意见和行为与大多数人保持一致，以达到心理上的平衡。

例如，你骑着自行车来到一个十字路口，看到红灯亮着，尽管你清楚闯红灯是违反交通规则的，但是你发现周围骑车的人都没有停车，而是对红灯视而不见往前闯，于是你犹豫了一下，也跟着大家一起闯红灯。

比如，你经过几天几夜的思考，获得了一个自以为很好的新想法。当你把这个想法告诉一位同事时，那位同事说：“你错了！”你又告诉第二位同事，第二位同事还是说：“你错了！”于是，你告诉自己：“大家都认为我是错的，看来我的确是错了。”

再比如，你与朋友们上街购物，在琳琅满目的商品中挑来拣去，你选中了一件自己喜欢的首饰，但朋友们普遍认为这件首饰不怎么好，不怎么适合你，而且太贵等，罗列了一大堆意见。迫于多数人这种“无形的意见压力”，你最终放弃了自己的意见。

随波逐流产生的原因是多方面的：第一，认知水平低，对是非的判断能力较弱，容易被人牵着鼻子走；第二，自我控制能力较弱，情绪容易冲动，导致头脑不冷静，作出错误的判断；第三，意志不坚定，过分看重他人的意见而放弃自己的主张。

随波逐流很容易使人失去主见，迷失自我，作出不适合自己的选择，最终一事无成。

有个富商醉心戏剧，不顾亲朋的反对，毅然选择一处十分僻静的地区，兴建了一所超水准的剧场。

奇迹出现了，剧场开幕之后，附近的餐馆一家接一家地开设，百货商店和咖啡厅也纷纷跟进，没有几年，那个地区竟然发展得非常繁荣，剧场的生意更是昌盛。

“看看我们的邻居，一小块地，盖栋楼就能租那么多钱，而你用这么大的地，却只有一点剧场的收入，岂不是吃大亏了吗?”富商的妻子对丈夫抱怨：“我们何不将剧场改建为商业大厦，分租出去，单单租金就比剧场的收入多几倍！”

富商想想确实如此，就草草关闭剧场，贷得巨款，改建商业大楼，怎料楼还没有竣工，邻近的餐饮百货店纷纷迁走，房价下跌，往日的繁华又不见了。更可怕的是，当他与邻居相遇时，人们不但不像以前对他热情奉承，反而露出敌视的眼光。

富商终于想通了，是他的剧场为附近带来繁荣，也是繁荣改变了他的价值观，更是由于他的改变，又使当地失去了繁华。

人们常因成就自己而成就别人，同时也会因别人的成就而改变自己。在这种改变中，某些人迷失了，不但迷失了自己，也迷失了他曾经创造的价值。

随波逐流会使人盲目地追求不适合自己的目标，到最后就可能演化出一场悲剧。如果独具慧眼，坚守真我，不随波逐流，那么，你就不会在航程中转向，不会迷失自我，就能到达你的理想之地。

20世纪80年代，有位名叫安德森的模特公司经纪人，看中了一位身穿廉价产品不拘小节不施脂粉的大一女生。这位女生来自美国伊利诺伊州一个蓝领家庭，唇边长了一颗触目惊心的大黑痣。她从没看过时装杂志，没化过妆，要与她谈论时尚等话题，好比是牵牛上树。

每年夏天，她就跟朋友一起在德卡柏的玉米地里剥玉米穗，以赚取来年的学费。安德森偏偏要将这位还带着田野玉米气息的女生介绍给经纪公司，结果遭到一次次的拒绝。有的说她粗野，有的说她恶煞，理由纷纭杂沓，归根结底是那颗唇边的大黑痣。安德森却下了决心，要把这个女生及黑痣捆绑着推销出去。他给这个女生做了一张合成照片，小心翼翼地把大黑痣隐藏在阴影里。然后拿着这张照片给客户看，客户果然满意，马上要见真人。真人一来，客户就发现“货不对版”，客户当即指着女生的黑痣说：“你给我把这颗痣拿下来。”

激光除痣其实很简单，无痛且省时。女生却说：“去你的，我就是不拿。”安德森有种奇怪的预感，他坚定地对女生说：“你千万不要摘下这颗痣，将来你出名了，全世界就靠着这颗痣来识别你。”

果然这女生几年后红极一时，日入3万美元，成为天后级人物，她就是名模辛迪·克劳馥。她的长相被誉为“超凡入圣”，她的嘴唇被称做芳唇（从前或许有人叫过驴嘴呢），芳唇边赫然入目的是那颗今天被视为性感象征的桀骜不驯的大黑痣。

有一天，媒体竟然盛赞辛迪有前瞻性眼光。辛迪回顾从前，一次次倒抽凉气，成名路上多艰辛，幸好遇上“保痣人士”安德森。如果她摘了那颗痣，就是一个通俗的美人，顶多拍几次廉价的广告，就淹没在繁花似锦的美女阵营里面。暑期到来，可能她还要站在玉米地里继续剥玉米穗，与虫子、蜗牛为伍，以赚取来年的学费。

事实就是这样，一味地迁就别人，按照他人的标准来塑造自己，你很快就会沦为流水线上下来的“标准人”，没有任何特色，最后，你的命运肯定就是被种种不如意掌控，而无法挣脱了。

格言说："集体的误导是致命的。"对于给我们人生带来烦恼和失败的随波逐流，我们应下决心加以克服。

1. 要提高辨别真伪的能力

要做到这一点，必须认真学习，明确自己的人生价值取向。在现实生活中，注意保持清醒的头脑。什么是新的，什么是旧的，什么是对的，什么是错的，什么是似新而旧的，什么是似是而非的，都应多动脑多思考，多问几个为什么，看其是否合乎实际，是否真有道理，是否对自己的长远和大局利益有好处，然后再决定取舍，切不可真伪不辨，是非不清，轻信盲从，随波逐流。

2. 要养成独立思考的习惯

缺乏思维的独立性，不善于独立思考问题、发现问题、解决问题，而是过分地依赖和相信别人，甚至将别人的意见原封不动地搬进自己的头脑，用别人的想法代替自己的主张，正是造成认识和行动上盲目从众的一个重要原因。诚然，好"随"者，也有随对的时候，但是即使随对了，也多是碰上的，并非独立思考的成果。"随"总是盲目的，靠不住的。这时节你随对了，过些时，境迁势异，你又可能随上错误的东西而不自知。

固然，独立思考也不能保证不出错，但如经过独立思考，错了也知道错在哪里，易于改正。所以，人要克服从众心理，就必须培养自己独立思考的习惯，凡事善于质疑，多想几个对不对、错不错，注意提高抗干扰的能力。遇事要有自己独到的见解，不要别人说什么就听什么，听什么就信什么，充当他人的"传声筒"。而要敢于摆脱常规、成见、偏见和浅见的束缚，坚定地走自己的路，按照自己的认识去行动。

生活中，很多人都会在模仿和跟随中迷失自我，所以无法成就最好的自己。我们要做的是，千万不要让自己随波逐流地跟随大众的脚步前行，否则迷失的只能是我们自己。我们可以学习每个人的优点，但不要想把自己变成谁，我们也不可能把自己变成另外一个人，你永远是你自己，你也有别人身上没有的优点，只要你坚持走适合自己的路，不随波逐流，就能练就最好的自己，就能取得别人无法取代的成绩，就能成就真我的快乐与辉煌。

杨安谈无明

☆ 谁有历经千辛万苦，不随波逐流的意志，谁就能达到任何目的。

☆ 执着追求精神丰美并从中得到最大快乐的人，才是成功者。

☆ 没有伟大的坚持，就不可能有雄才大略。

人生的成功不在物质的多少，而在内心的富有

成功意味着美好理想的收获，成功意味着幸福快乐的拥有，成功意味着人生价值的实现。每个人都追求人生的成功，但是每个人心中的成功定义却不尽相同。有的人以物质的财富为成功；有的人以内在的富有为成功。正是因为截然不同的价值观，有的人即使腰缠万贯却仍然心灵空虚苦闷，并没有因成功带来价值感和幸福感。而内在富有的人即使清苦贫寒，却仍有着幸福的成就感，并因自己为社会创造的巨大价值，而受到万众的景仰和爱戴。——物质的财富只是附加价值，它不等于成功，内在的富有才是核心价值，才是真正的成功。

曾是美国第一富豪的保罗·盖蒂曾经说过："我从来不以我所拥有的金钱的数量来衡量我自己是否成功，而以我的工作和我所创造的财富所能提供就业职位的多少和生产出来多少物品来作为衡量的标准。"

一个人的成功，与他拥有多少物质财富没关系，要看他是否依照内在的真我的价值而活着，如果他不按照内在的真我价值活着，那么即使有数

不清的钱，他的生活也毫无意义可言，肯定是一片空白。

世上有很多的人，他们活着就是要获得物质的财富，因此要听从于别人，做别人要他做的事，而不管那是不是他们想要做的。他们落入了俗套，没有了自己的个性，做事就想模仿他人，甚至因为追求物质财富而放弃了真我，放弃了内在的核心价值。

“我的梦想是当一名作家，然而父亲却不那么认为，他坚持让我学法律，虽然我成为了一名律师，生活很富裕，但是很没意义，我无法使自己平静下来……”

“我不想干我的事业，我想找个地方买一大片牧场，过我自己喜欢的生活，但太太不同意我那么做，她认为如果这样做的话就会失去一大笔可观的收入，或名誉扫地……”

以上种种的抱怨，我们听得实在太多了，好像无处不在，随时都能听到。这是一种个人想法得不到满足的无奈的抱怨，看起来与我们无关，但它从一定程度上反映出这个社会的一种疾病。

想要出人头地和受到他人的尊敬是人的一种基本欲望，这是一种上进的表现。在一定程度上，它是一种兴奋剂，能激励人们奋发向上，积极进取。也正是由于人的这种向上的欲望，使得他们对人类历史的发展作出巨大贡献，推动人类文明的进步。但是，越来越多的人发现，今天的这种出人头地的欲望越来越多地偏离了正确的轨道，向着不健康的方向发展，而且走得越来越远。

因为这些年来，很多人都把物质财富看作成功的标志，以为拥有物质财富就等同于成功。因此，金钱也就成了他们最终的价值目标，最高的奋斗目标，成了衡量人生价值的唯一标准。

人类社会已经进步了，不再处于只能填饱肚皮的阶段，我们有了更高的生活追求。我们的生活必需品，还有许多奢侈品，为这些东西，我们必须努力赚钱来满足需求。但这并不能说明金钱是一切，除了用金钱衡量外，还有许多衡量价值的方法。也许一本糟糕的小说能卖到几块钱，而一本世界性的名著，没准几毛钱就能容易地买到一本普及版，这难道能用金钱来衡量吗？你能说后者的价值不如前者的价值大吗？虽然后者的价钱可能只是前者的几分之一或百分之一。所以同样的，还有好多其他类型的成功。衡量人的价值的时候，我们也不应只看他的收入、拥有金钱的多少或者所有物的多寡，因为这些都只是附加价值。一个人的内在核心价值才是真正无价的，才是成功的真正代表。

纵观古今中外，那些为人类作出巨大贡献的著名哲学家、科学家、艺术家们，如爱因斯坦、爱迪生、贝多芬等，他们不少人一生都是很清贫的，甚至到死时还身无分文。但是，他们活着时是遵照内心真我价值选择了崇高的事业，他们内心充实而幸福地开发了自己巨大的潜能，他们为人类社会创造了无法用金钱衡量的精神财富，他们的名字铭记在大家的心里，受到了人们世世代代的爱戴和景仰，谁又能说他们不是真正的成功呢？

反观各个时代的众多富翁们，他们耗费了大量心血赚取生不带来、死不带去的物质财富，但是由于没有对社会与人类作贡献，他们在生前的心灵没有核心价值感的充实、丰富和幸福，去世后也没有受到人们的尊敬和爱戴，早已被人们遗忘于历史的漫漫长河中。甚至连隔了几代的子孙都未必知道和记得他们的姓名。谁又能说他们是真正的成功者呢？

一个真正成功的人必定是认清了生命本质的人。因此，他们不可能热衷于囤积物质财富，对他们来说工作的目的只是为了有所建树而已。这样的人知道内在的富有才是真正的成功，物质财富在他们眼中根本不值一提。他们认为精神潜能才是实现愿望的根本动力——只要这股力量存在，任何时刻，只要你愿意你的愿望便能实现。有巨大的力量支持着你，物质方面的需要已不再成为负担，不必在此浪费时间和精力。换句话说，精神王国的大门一经打开，你就会进入一片崭新的天地，生活方式自然随之而变。

《圣经》上说，让富人上天堂难于让骆驼穿过针鼻。一个人若是太过于看重物质财富，将所有的精力都用在物质财富的积累上，自然无暇进行内心的修炼，当然更不可能发现内在蕴藏的五彩斑斓的世界。精神与物质二者孰重孰轻？是追求万贯家财还是寻求内心的宁静？只有参透人生的人，才能给出正确的答案。

美国石油大王洛克菲勒出身贫寒，在他创业初期，人们都夸他是个好青年。当黄金像贝斯比亚斯火山流出岩浆似的流进他的口袋里时，他变得贪婪、冷酷。深受其害的宾夕法尼亚州油田地方的居民对他深恶痛绝。有的人作出他的木偶像，亲手将“他”处以绞刑，或乱针扎“死”，无数充满憎恶和诅咒的威胁信涌进他的办公室。连他的兄弟也十分讨厌他，特意将儿子的遗骨从洛克菲勒家族的墓地迁到其他地方，他说：“在洛克菲勒支配下的土地内，我的儿子变得像个木乃伊。”

由于洛克菲勒为金钱操劳过度，身体变得极度糟糕。医师们终于向他宣告一个可怕的事实，以他身体的现状，他只能活到50岁，并建议他必须改变拼命赚钱的生活状态，他必须在金钱、烦恼、生命三者中选择其一。这时，离死不远的他才开始省悟到是贪婪的魔鬼控制了他的身心。他听从了医师的劝告，退休回家，开始学打高尔夫球，上剧院去看喜剧，还常常跟邻居闲聊。经过一段时间的反省，他开始考虑如何将庞大的财富捐给别人。

开始的时候，人们不愿接受他的捐赠，即使是自视为宽容大度的教会也把他捐赠的“脏钱”退回，但诚心终归能打动人，渐渐地人们接受了他的诚意。

然而，找他捐钱的人太多了。无论早晨或夜晚，无论是上班时间还是用餐时刻，都会有人来请他捐钱。有一次，一个月内请求捐助的人数竟超过五万人。由于洛克菲勒要求每一笔捐款都必须有效地使用，所以每一件申请案均须仔细调查。面对那么多的求助者，他急得跳脚。

他的助手盖兹提出忠告：“您的财富像雪球般，越滚越大。您必须赶紧散掉它，否则，它不但会毁了您，也会毁了您的子孙。”

洛克菲勒告诉盖兹：“我非常了解，请求捐助的人实在太多了，

但我一定要先弄清楚他们的用途才肯捐钱。我既无时间也无精力去处理此事，请你赶快成立一个办事处，负责调查事宜。我根据你的调查报告采取行动。”

于是，在1901年，设立了“洛克菲勒医药研究所”；1903年，成立了“教育普及会”；1913年，设立了“洛克菲勒基金会”；1918年，成立了“洛克菲勒夫人纪念基金会”。

哲学家史威夫特说过：“金钱就是自由，但是大量的财富却是桎梏。”洛克菲勒深谙这个道理，他一生之中共捐了数以亿计的财富，他的捐助，不是为了虚荣，而是出自至诚；不是出于骄傲，而是出自谦卑。他看透了生命的本质，明白了人生真正的成功并不是在于物质财富，而是内在的富有——心灵的崇高和无私卓越的奉献。

于是，他后半生不做钱财的奴隶，喜爱滑冰、骑自行车与打高尔夫球。到了90岁，依旧身心健康，耳聪目明，日子过得很愉快。他逝世于1937年，享年98岁。他死时，只剩下一张标准石油公司的股票，因为那是第一号，其他的产业都在生前捐掉或分赠给继承者了。

歌德曾经说过：唯有懂得金钱真正意义的人，才应该致富。他意思是说，许多人虽然能够很快致富，却不能关怀、体谅别人。他们被物质财富迷住了眼睛，失去了合理运用物质财富的理性，终归会为此付出了昂贵的代价，而远离真正的成功。

物质财富作为一种附加价值，它为人们提供了生存的基本条件，但是它绝不是人生的终极目标，它只是帮助我们获得内在富有的工具。在我们获得真正成功的道路上，它是辅助我们的好仆人，却也是一个会将我们引入烦恼和失败深谷的坏主人。无数事实反复证明，只有内在富有的人，才能驾驭巨大的物质财富，而成为金钱的奴隶必将造就悲剧人生。

因此，再也没有什么比塑造积极、勇敢、乐观、坚定、丰富、高尚的内在更重要的事情了。只有我们拥有了富有的内在，我们的思想、行为才会自动地循道而行，作出正确的决策和选择，收获真正的大成人生！

杨安谈无明

☆ 长期的坚持不懈是成功的秘诀。

☆ 在希望与失望的决斗中，如果你用内心的富有紧握着希望，胜利必属于你。

☆ 具有美好而强大精神世界的人，永远都会立于不败之地。

做事先做人，做人必修心

人生有三大课题：做事，做人，修心。何者为首，已经在很多人心中达成了共识，只不过在实际生活中，人们往往更多地从自身的利益出发而忽视了人生的根本。

比尔·盖茨曾说过："我把人品排在人的所有素质的第一位，超过了智慧、创新、情商、激情等，我认为如果一个人的人品有了问题，这个人就不值得一个公司去考虑雇用他。"

我们既然以"人"的身份在人世间生活，首先从本质上讲是"人"，所以一个人若要成功，首要问题就是学会做人，如果连做人都不会，怎么能把事做好呢？学会做人是成事之道，而学会修心则是做人之基。

公德心是一个人在社会上生存必须顾及的，一个人没有公德心不守公德的结果是受到人们的责备，被大多数人拒绝；职业道德心是一个人职业生涯的基础，不遵守职业道德，一个人的职业生涯就会碰到各种问题，就会影响自己的发展和前途；家庭美德心是一个家庭幸福的基础，如果不遵守，结果是给自己的家庭生活造成麻烦，最后不幸福的是自己。也就是说，良好心灵的养成，受益者不仅是他人、是社会，最直接的还是当事者本人。所以，美好的心灵是一个人做人、做事的根本所在。

一个内心品德不完善的人是不可能成为一个真正有所作为的人的，我们的祖先在几千年前就有了“修身、齐家、治国、平天下”的古训。为什么把修身放在第一位呢？道理和“做事先做人，做人必修心”是一样的。不管干任何事情，对自己的修炼是前提，没有修己的铺垫，一切的理想和抱负都无异于空中楼阁。不学好做人，越想做好事，越似海市蜃楼遥不可及。

由此可见，“先做人，再做事”并不仅仅是句简单的口号，它继承了人类文明中最优秀的部分，是人类生存智慧的结晶。每个有头脑的人都应该秉承这种明达的生存原则，注重个人的自身修养，修炼高尚的心灵品质，为成功人生奠定牢固的思想基础。

“做事先做人”，说起来简单，做起来却极为不易。做人的学问首先在于诚信，在于坦荡，在于文明礼貌，在于相互尊重，在于互换位置、体贴礼让，在于利益公平、礼尚往来，在于彼此双赢。看似平凡的举手投足、言谈表情，却极易反映出一个人的文化积淀与基本素质。谁都喜欢与光明磊落之人做朋友、打交道，谁都讨厌污浊阴暗的心理特性，鄙视阳奉阴违、奸佞狡诈的品行作风。一个人只有具备了人人喜爱的品行与作风，才能赢得诸多朋友、伙伴的尊敬。得道者必多助，才有可能大获成功!

当一个人的内功修炼得非常好，达到一定功力时，自然会谋求自身向更高的层次发展，这是循序渐进的必然。一个稳健而务实的人，是有着高度社会责任感与强烈事业心的人，也一定是个能对社会作出有益承诺，可担当大任的人。他在做事的过程中，是以一种对他人、对社会极端负责任的精神来统领团队，为民造福的。他是以做个好人为荣，以诚实守信为本的人，怎么会有不成功之理呢?

做人的首要和根本任务在于修心。健全的心灵是人才的基本特征之一，只有具备健全心灵的人，才能最大限度地发挥自己的精神力量，并投身到工作和生活中去。因为，良好的心灵素养可以激发人的主观努力，它可以鼓舞我们冲破在做事道路上所遇到的重重困难，增强克服困难的信心和勇气，使人才成长的自觉性得到全面的发挥。德与才统一，才能使人才优势得到最大限度的发挥。

唯物辩证法告诉我们：内因是变化的根据，外因是变化的条件，外因通过内因发生作用。一个人做成事的内在因素，是指包括良好的思想、智能、身体和基本心灵品格在内的内在条件，它们共同构成做成事的潜在力量。在这些潜在力量中，心灵品质起着主导作用。

古人云："有才无德，其行不远。"一个心灵品质低下的人，在现实生活中总是不能正确认识自己和处理各种社会关系；而一个心灵品质高尚的人，总是心胸豁达宽广、热爱生活，在现实生活中，富于理想、珍惜名誉、乐观进取，具有强烈的事业心和责任感，往往能够取得很大的成就。

市场竞争，优胜劣汰，人才市场也是如此。一个心灵品质优良的人对于社会准则有较强的理解力，并且会产生强烈的道德情感。他对自己自尊、自爱、自立、自强，对他人则尊重、友好、关心、帮助，并因此而受到他人的尊重，从而能在社会上更多地获得施展才华的机会和舞台，更有可能为社会作出巨大的贡献。人才学研究也表明，与一般人比较，优秀人才在社会责任感、献身精神、与人合作精神、自觉性和自制能力方面要突出得多，这些都与人的心灵修养状况有关。反之，一个心灵品质低下的人，永远得不到他人真心的信任、欣赏和重用，又怎么可能做得成事呢？

一名在德国留学的中国留学生，在毕业时成绩出众，于是便决定留在德国。但是在他四处求职的过程中，所拜访的那些大公司全都拒绝了他，因此他非常伤心与恼火，但是想想又没有别的办法，总不能一直这样饿着肚皮吧。于是他狠下心，咬着牙，收起了高才生的架子，去了一家小公司求职。他想："凭我这样的才学，这些德国老总不会再有眼无珠了吧！"

结果呢？虽然这个公司规模很小，但是却和那些大公司一样，极有礼貌地拒绝了他。

这位高才生终于忍无可忍，拍案而起："你们这是种族歧视！我要控……"

对方并没有让他将不满说出来，而是低声地告诉他说："先生，

请您平静下来好吗？我们去另一间房间谈谈吧！”

两人走入了一间无人的房间，德国人为愤怒的中国留学生端了一杯水，然后从档案袋中抽出了一张纸，放在了他的面前。留学生拿起来一看，原来这是一份纪录，上面记载着他曾经3次在公共汽车上逃票。他非常惊讶，同时也更加生气了：原来就是这么丁点儿的事便如此小题大做了！

在德国，抽查逃票被抓住的几率是万分之三，即你逃了1万次票之后，才有可能会被抓住3次。而这位高才生竟然被抓了3次，可想而知，在生性严谨的德国人眼中，这种事情是多么的不可饶恕。

在当今社会，企业用人的原则也越来越趋向于人品第一。广东今日集团总裁何伯权说：“我们用人的原则是德才兼备，以德为先。打个比方说，品德就像火车的方向、路轨，才能就像马力。如果方向、路轨偏了，马力越大，造成的危害也就越大。”

事实也是如此，一个人在三毛两角的蝇头小利上都靠不住，还能指望在别的事情上信赖他吗？即使他平时工作积极主动，一旦受到金钱美女的诱惑，他又怎么会不抛弃原则，不出卖公司的利益呢？

“做事先做人，做人必修心”，这不仅是一个处事原则问题，更是道德问题。在现实生活中存在着两种“法”，一种是国家的法律法规，另一种就是思想道德。当一个人缺乏修心的道德观的时候，就会产生不道德的行为。不断的积累不道德行为，最后引起质变，无疑是会受到法律制裁的。

因此，修心是做好人的必要前提。无论是谁，只有修得良好的心灵道德品质，才能有高远的眼界。继而有高远的理想与追求的目标，在这样的基础上，方能实现宏大的理想。

1860年，作为美国共和党的总统候选人，林肯参加了总统竞选。他独自一人四处发表巡回演讲，为自己做宣传——他没钱雇人为他服务。而林肯的最大对手民主党候选人道格拉斯则是个有钱人，拥有专用竞选列车，带着乐队，浩浩荡荡地在美国做巡回宣传，很是风光。火车上还配有礼炮，每到一地，便鸣放32响礼炮，发表演说，向人们炫耀显赫的贵族出身和雄厚的经济基础。

有人在林肯演说的时候问起他的家庭情况，林肯正色说道：“我有一位值得我钟爱一生的贤妻，三个聪明的孩子，他们是我的无价之宝。此外，我还租有一间办公室，里面有桌子一张，椅子三把，墙角有书柜一个，书柜里的书，每一本都值得大家好好读读。我的大概情况就是这样。我实在没有什么可以依靠的，唯一可以依靠的，就是你们。”

林肯发自内心的演讲，深深感动了听众，赢得了万千美国人的心，他终于击败了财大气粗的道格拉斯，成为美国历史上第一位平民出身的总统。

这个故事告诉我们，外在的容貌、身材、风采和权位、财产等只能耀眼一时，只有内在的品德、学识、才能和真诚、自信等给人的感受才更有魅力和影响力，只有内在的美才可靠长久，值得我们追求和尊崇。

因此，做事，要做好事，要好好做事，做有益之事；做人，要做好人，要好好做人，做优秀之人。做事先从做人开始，做人先从修心开始，“勿以善小而不为，勿以恶小而为之”，从小事做起，从生活中的点点滴滴做起。利人利己的事多做，损人利己的事不做。这是做人的基本准则，也是做好事情的必要前提。

我们需要将修心的意识牢牢地铭刻在脑海里，转化为内心信念，并以此指导实际生活的各个方面，使之成为一种习惯。有了优秀的心灵品质作航标，你的人生之舟一定能乘风破浪，到达成功的彼岸！

杨安谈无明

☆　一个人只有在他努力使心灵升华时，才能成为真正的人。

☆ 最高的道德就是不断地为人类的爱而工作，为解放人类的无明而奋斗。

☆ 一个人越具有涵养心灵的品格，他的才力发展得就越快，对社会就越有益。

人生的价值不在于定义，而在于践行

人生价值是指在特定的社会历史条件下，个人一生的全部生活实践对自我、他人和社会所产生的意义。因此，虽然它的表现形式是一种定义，但是定义的前提，是要把人的一生作为一个有一定方向、目标和责任的践行过程去思考。人生价值只能在个人与社会的关系中，在人生的践行过程中去确定。也就是说，人生价值不在于定义，而在于践行。

格言说："人生的价值，即以其人对于时代所做的工作为尺度。"歌德也认为，人生的价值在于通过践行去履行自己的职责。他说："你若要喜爱你自己的价值，你就得给世界创造价值。尽力去履行你的职责，那你就会立刻知道你的价值。"

在人生价值的内涵中，人的价值就在于创造价值，就在于对社会的责任和贡献，即通过自己的践行满足自己所属的社会、他人以及自己的需要。人既是价值的创造者，又是价值的享受者。人生活在社会中，总是需要依靠社会创造的财富来满足自己的各种需要，因此，每个人理当用自己的实践创造物质财富和精神财富，回报社会，满足他人。一个人付出了心血和劳动，满足了社会和他人的需要，同时自己也会获得相应的劳动报酬，得到社会对自己价值的承认，从而实现了对自我的满足。

再者，对一个人的价值的评价主要是看他的贡献。最根本的是对社会发展和人类进步事业的贡献。

无论是创造价值，肩负责任，满足社会、他人及自己需求，还是对社会、对人类的贡献，都是建立在践行的基础上的。践行是实现人生价值的唯一途径，任何完美的计划如果不能勇敢地践行，还是等于零。

在这个世界上有很多人是语言上的巨人，行动上的矮子。结果便是，这些人一辈子只能在平庸中度过，没有成功的事业，没有辉煌的人生价值，他们也是社会上绝大多数人的代表。太阳每天从东方冉冉升起，到了傍晚再从西边缓缓落下，同样的一天，每个人的收获却不相同。

俄国作家冈察洛夫曾塑造过一个叫奥勃洛摩夫的人物形象：

> 他“胸怀大志”，也颇有才气，常常“突然产生一个想法，像大海里的波涛似的在他头脑中起伏奔腾。随后发展成为一种企图，使他的血液沸腾，筋肉蠕动，血脉贲张。于是，企图又变成志向。他受到精神力量的鼓舞，一分钟内迅速地改变了两三次姿势……”
>
> 可是，从早上到黄昏，他只是躺在床上，整整一天什么事情也没做。

这就是俄罗斯文学画廊中著名的“多余的人”的形象。

有一位哲学家在批评年轻人的时候说：“请不要做思想的巨人、行动的侏儒。”能够准确定义人生价值的意义只是聪明，能够践行才是真正的智慧，才能真正地实现意义。只去想而不敢践行或不愿践行的人，不可能实现人生价值。

> 有个人曾经问著名思想家布莱克：“您能成为一位伟大的思想家，成功的关键是什么?”
>
> “多思多想!”布莱克回答。
>
> 这个人如获至宝般地回到家中，开始整天躺在床上，望着天花板，一动也不动，按照布莱克的指点进入“多思多想”的状态。
>
> 一个月后，那个人的妻子找到布莱克，愁眉苦脸地诉说道：“求你去看看我的丈夫吧，他从你这儿回去以后，就像中了魔一样，整天躺在床上痴心冥想!”

布莱克赶去一看，只见那个人已经变得骨瘦如柴。他拼命挣扎着爬起来，对布莱克说："我最近一直都在思考，甚至到了茶饭不思的地步，你看我离伟大的思想家还有多远?"

"你每天只想不做，那你都思考了些什么呢?"布莱克先生缓缓地问道。那人回答说："想的东西实在太多了，我感觉脑子里都已经装不下了。"

"哦！我大概忘了提醒你一点：只想不做的人只能产生思想垃圾。成功是一把梯子，双手插在口袋里的人是永远爬不上去的。"

接着，布莱克举了这样一个例子。

有一位满脑子都是智慧的教授和一位文盲相邻而居。尽管两人地位悬殊，知识、性格更是有着天壤之别，可是他们都有共同的目标：发财致富后做公益事业。

每天，教授都跷着二郎腿在那里大谈特谈他的"致富经"和"公益心"，文盲则在旁边虔诚地洗耳恭听。他非常钦佩教授的学识和智慧，并且按照教授的设想去付诸实际行动。

几年后，文盲真的成了一位货真价实的百万富翁，并且积极投身于公益事业。而那位教授呢？他依然是囊空如洗，还是在那里每天空谈他的理论。

生命在于行动。没有行动的生命就体现不出来任何生命的意义。我们生命的意义、生命价值的体现都需要从行动中来得到实现。没有行动，再美好的愿望，再美丽的幻想，再迷人的承诺都不过是虚幻。

纵观历史上那些成大功、立大业的人物，我们就会发现他们都有一个共同的特点：践行不息，不实现他们的理想、目标、心愿，就绝不罢休。

伟大的西班牙画家毕加索死的时候是91岁。在他90岁高龄拿起颜料和画笔开始创作一幅新的画时，世界上的事物对他来说好像还是第一次看到一样。

大多数画家在创造了一种适合于自己的绘画风格后，就不再改变了，特别是当他们的作品受到人们的欣赏时，更是这样。随着年岁的增长，他们绘画的风格变化不会很大，而毕加索却像一位终生没有找到他的特殊艺术风格的画家，千方百计寻找完美的手法来表达他那不平静的心灵。

毕加索作画，不仅仅用眼睛，而且用思想。毕加索的画，有些色彩丰富、柔和，非常美丽；有些用黑色勾画出鲜明的轮廓，显得难看、凶狠、古怪，但是这些画能启发我们的想象力，使我们对世界的看法更深刻。面对这些画，我们不禁要问，毕加索看到了什么，能使他画出这样的画来？我们开始观察在这些画的背后究竟隐藏着什么。

毕加索一生创作了成千上万种风格不同的画，有时他画事物的本来面貌，有时他似乎把所画的事物掰成一块块的，并把碎片向你脸上扔来。他要求着一种权力，不仅把眼睛所能看到的东西表现出来，而且把我们的思想所感受到的也表现出来。他一生始终抱着对世界十分好奇的心情，就像年轻时一样。

假如你喜欢欣赏画，不妨找些毕加索的画册，看看从他的画中你能得到什么启示。实际上，不仅是毕加索，有很多伟大的成功人物也都一直秉持着不断进取的精神。

果戈理写作以勤奋著称。他坚持每天练习写作，他说："一个作家，应该像画家一样，经常随身带着笔和纸张。一位画家如果虚度了一天，没有画成一张画稿，那是很不好的。一个作家，如果虚度了一天，没有记下一条思想、一个特点也不好……必须每天写作。如果一天没有写，怎么办呢？没关系，拿起笔来，写上'今天不知为什么我没写'，把这句话一遍一遍地写下去，等你写得厌烦了，你就要写作了。"

正是有了这种一天也不肯虚度，不断践行的精神，果戈理才完成了一部部传世之作，成了世界上伟大的文学家。

1673年2月的一天，法国著名喜剧作家莫里哀患着严重的肺病，又受了风寒，身体十分虚弱。但他还是不顾亲人和朋友的劝阻，以顽强的毅力克服身体上的巨大痛苦，毅然参加了自己的新作《无病呻吟》的演出，并出演男主角。莫里哀全神贯注地投入了角色的塑造，由于咳嗽震破了喉管，他的生命结束在了舞台上。

英国化学家、物理学家道尔顿从十七八岁开始科研生涯，从此没再离开试验室。他在气象、物理和化学三门学科上都作出了很大贡献。在1844年他在试验室去世前的几个小时，还像往常一样记录下了当天的气象数据。

300多年前发明显微镜的荷兰著名生物学家列文胡克，晚年更加拼命地工作，他用自己制造的显微镜，夜以继日地观察动、植物细胞，并详细记述观察结果。他的研究成果公布后，向世人展示了一个崭新的微观世界，在全世界引起了轰动。

许多取得杰出成就的人都是生命不息、践行不止，为我们树立了光辉的典范。如果他们浅尝辄止，或满足于已经取得的成绩，不再践行，那么莫里哀即使写出一两部成功的作品，也不会给世人留下这么深刻的印象；道尔顿即使在某些学科有所建树，也不会在气象、物理和化学三门学科都作出这么大贡献；列文胡克即使发明了显微镜，也发现不了使他永垂青史的生物细胞。

“只有你的践行，决定你的价值。”这就是实现人生价值的秘诀。永远都是你采取了多少实践行动才让你更成功，而不是你知道多少才让你成功，所有的想法必须化为积极践行。就像克雷洛夫所说的：“现实是此岸，理想是彼岸，中间隔着湍急的河流，行动则是架在河上的桥梁。”现实和理想总是不再一个平面上，要想让现实和理想连成一片，就必须有践行作为中介。没有践行，现实永远不会和理想联结。只有践行才会产生结果，践行是成功的必须保证。

人生价值在于践行。在确立好正确的方向后，只要你多方面坚持不懈地去践行，凭毅力与弹性去追求所企望的目标，最终会实现自己的人生价值。别再让生命空耗在等待和观望中，现在，马上，立刻开始践行吧！

杨安谈无明

☆ 没有践行就不可能有幸福快乐。

☆ 最大的危险是无所践行。

☆ 一味期待而从不践行的人，只会使生命成为滋生瘟疫的温床。

心存一善，其乐融融

在我们的生活中，有很多人都很快乐，那并不是因为他们拥有了多少，而是他们懂得了什么是快乐之本，那就是心存一善。莎士比亚说："善良的心地，就是黄金。"善良，是一种美德，是一种胸怀，是一种洞察人性中的恶的能力；善良是一种觉悟，是一种品行，是一种能激发我们巨大潜能的力量。

心存一善，自己才能自给自足；心存一善，才能得到别人的尊重和敬重；心存一善，才能获得真正的幸福，乐在其中，其乐融融。

美国耶鲁大学病理学家曾经对7000多人进行跟踪调查，结果表明，凡是心存一善的人，其死亡率明显降低。

心存一善是促进身体健康的一大催化剂。一个人多行善事，能够经常帮助弱者，使他人摆脱困境，心中必然就会涌起欣慰之感；一个人坚信自己活着于他人有益甚至是他人的生活支柱，这就会成为自己的一种精神鼓舞。这种欣慰之感和精神鼓舞，会使人心情轻松愉快，而一个心情愉快的人，免疫力高，抵抗力强，就不容易生病，这样就能够保持身体健康。

心存一善的人，会始终保持泰然自若的心理状态，这种心理状态能把血液的流量和神经细胞的兴奋度调至最佳状态，从而提高机体的抗病能力。所以，心存一善是身心健康不可缺少的高级营养素。

心存一善让人健康快乐，并非杜撰，也不是生活中的个别事例，而是专家经过研究得出的科学结论：美国著名心血管专家威廉斯博士从1958年开始对225名医科大学生进行跟踪研究。25年之后，发现其中敌视情绪强的人死亡率高达14%，而性格随和的人死亡率仅为2.5%，有趣的是，在这批人中，患有心脏病的，恶人竟是善人的5倍。

专家研究认为，人的大脑中有一部分细胞膜上存在着吗啡样受体，在做善事时会产生脑内吗啡，从而使人产生快乐感。

长期以来，心存一善大益健康这一科学结论，不断在众多病患者身上得到验证，甚至创造了许多的生命奇迹。

徐雁是一家饭馆的经理。她命运多舛，从小经历坎坷，大学毕业前父母就先后去世了。她的婚姻也很失败。她虽然人前在笑，可是内心早已因为生活的境遇而不堪重负。更糟糕的是，35岁那年，她得了癌症，住进医院后，她因为觉得生无可恋，没有了求生的欲望，于是十分不配合医生的治疗。

但是，徐雁的这种状态很快就得到了改观。住进医院之后，每天晚上都会有人来陪护她，大家都亲切地称她为徐姐，而且对她照顾得无微不至。徐雁每天都会吃到他们做的爱心菜，每天下午都会有人陪她出去走走，跟她聊天，给她讲笑话。虽然生命已不再长久，她却非常开心，因为这些日子是她人生中最快乐的时光，她本来已经不再对人生抱有希望，可是现在，这些人却让她感觉到“人间自有真情在，爱心暖如三春晖”。

奇迹总是会发生的。徐雁的病情没有恶化，相反，在一个月后的检查中，医生发现她体内的癌细胞不仅没有扩散，而且得到了控制。她已经不再有生命危险。徐雁又在医院静养了一段时间，出院的时候，医生跟徐雁谈心，徐雁说："那些轮流来陪护我的人都是我扶助过的学生，从他们上高中的时候，我就开始接济他们，直到他们考上大学。其实，当他们来看望我的那一刻，我就有了很强的求生欲望，虽然我三十多岁了，还没有一个美满的家庭，又没有什么亲人，事业也不是非常成功，可是，我还有他们，他们给我的是最真挚的感情。我还有价值，我不能就这么放弃了，我要活下去，做更多有意义的事情。"

徐雁的生命得到拯救，完全是因为她的善良，她帮助了几个贫困的学生，她也从这种助人为乐的行为中看到了自己人生的意义。而这几个学生也对她十分感恩，虽然陪护看似是件小事，可是对于孤独的徐雁来说，却能够缓解她的心结，使她在最脆弱的时候得到关心，在其乐融融的和谐中得到了强大的精神力量的支持。在善与善的情感互爱中，她的生命潜能也被极大地激发，从而创造了生命的奇迹。

生活，需要关爱，需要同情，更需要心存一善。在人的一生中，我们不可能一帆风顺，也不可能一路坎坷，只要我们心存一善，就会有一盏明亮的灯，为我们照亮前进的道路，让我们生活在光明与快乐中。而且还可以帮助他人，使他人远离黑暗，走向辉煌的明天！

其实，我们都需要他人的关怀，哪怕是一个眼神，一声轻轻的问候，一句真诚的祝福，一个微笑，都会留在我们的心灵深处，都会让我们感动很久。只要我们拥有一颗善良的心，使它遍布于世界的每一个角落，生命之花就会永不枯竭的绽放，快乐之树就会永远长青！

从前，有个国王对他年幼的王子非常溺爱。王子喜欢什么，国王就会给他什么，从没有拒绝过他的要求。但是王子总是不快活，常常皱着眉头，闷闷不乐。

有一天，一个著名的魔术师来到王宫对国王说，他能使王子快乐，使皱眉变成为笑脸。国王笑着说："如果你能这样，那么你要求的赏赐，我都可以答应。"于是，魔术师把王子带到一个私室里，用

白的东西在一张纸上写上几个字，然后把那张纸交给孩子，叫他到一所暗室里，燃起一根蜡烛，放在纸的下面，看看纸上有些什么。然后，魔术师便离他而去了。

王子便照着魔术师的指点去做，把纸放在火焰上，那纸上的白字，突然变为美丽的蓝色，纸上出现了9个字组成的一句话，那就是："每天为人做一件善事。"王子依照那魔术师的劝告去做，果然不久便成为了一个很快乐的孩子。

一次一位哲学家问他的学生们："世界上最可爱的东西是什么？"学生听了，便争先恐后地站起来回答，各抒己见。最后一个学生回答道："世界上最可爱的东西是善。"那哲学家说："的确，你所说的'善'这个字中包含了他们所有的答案。因为善良的人，对于自己，他能够自安自足；对于别人，他则是一个良好的伴侣、可亲的朋友。"

哈佛教授珍妮·马蒂尔说："人在做每件好事的时候，内心都会产生一种愉悦，这就是爱心和善举带给我们的回报，这种回报也是人世间最宝贵的东西。"

善良的心是一盏灯，不仅照亮了自己，还照亮了他人。如果人们多一颗善良的心，生活就会多一些光明，少一些黑暗；人性就会多一些高尚，少一些卑劣；人生就会多一些温暖，少一些寒冷；人心就会多一些希望，少一些绝望。

如果你留意的话，就会发现那些正直善良的人，他们的脸上总是平静而快乐，而那些总是想着算计别人、跟别人计较、讽刺别人的人脸上总是挂着阴暗的表情或堆着虚伪的笑容，即使给他们全世界，他们也不会快乐，因为他们贪婪、不知足、不爱别人、不会放开心胸感受世界的美妙，只会放纵自己的欲望。

当然，我们生活中的绝大部分人，都没有坏心肠，只是有些人会比较自私、冷漠、爱耍一点小手段。

一个从未帮助过别人的人，总是紧紧地捂着自己的口袋，他把自己的爱和同情心严实地藏了起来，生怕一个笑脸或者一句话就会使他损失什么，最后却发现他不仅什么都没有得到，而且原本有的爱也都消失殆尽了。

他变得冷漠无情，缺乏生气，无怜悯之心，他不愿意让别人快乐，也使自己失去了快乐，别人更不会回报给他任何东西。

快乐来自善良，而心存一善是做人最基本的要求。一个心存一善的人，他不会为了一点小事而去与人斤斤计较，这也就拥有了豁达的心态与快乐的心境。心存一善的人心中装满了亲情与友情，还有道义，而且总会以一种积极向上的心态去面对一切。对于遇到困难的人，他都会伸出援助之手去帮助、鼓励，而不索取任何回报。如此，他不仅自己感到满足、有价值和快乐，那些被帮助的人，也会觉得非常温暖，因为世界如此光明，人与人之间的关系是那么的其乐融融，被助者也会有更多的力量将善与爱心的正能量传递开来。

所以，从现在开始，试着以更善良的心对待你身边的人，养成做善事的习惯。

日行一善，真诚地帮助他人，对你的同事发自内心地微笑，帮你的同事解决一下电脑的小问题，或者在别人提出请求时耐心地帮他们一个小忙。遇到失意的人积极地说几句鼓励和安慰的话；对别人所提供的服务或者帮助微笑地说声“谢谢”；帮助你很好的朋友渡过经济上暂时的难关；帮你的远方亲戚收集一些上学或者工作的信息，等。

只要你有肯付出关心别人的心意，你就会发现有很多值得做的小事情，而这些事情的背后，将有许多你意想不到的快乐在涌动着。

心存一善就像一盏灯，也许它并不美艳，但它可以为走在黑暗中的人们照亮前进的道路；心存一善就像一颗滴在树叶上的露珠，也许它很小，但它可以滋润一朵花儿并让它绽放出美丽的花朵；心存一善就像一座心灵的彩桥，也许它并不宽敞，但它可以联结所有相隔已久的陌生与期盼，温暖人的一生，使生命在其乐融融的情感律动中积极地升华，幸福地舒展。

杨安谈无明

☆ 在一切道德品质之中，善良是全世界最需要的美好。

☆ 善良的温暖，能医好心灵和肉体的创伤。

☆ 善行的坚持往往是出于爱，但更多的还是出于清晰的了解和无偏见的公正。

以品和德去灌溉内心快乐的花朵

英国著名社会改革家和作家塞缪尔·斯迈尔斯说：“有比艺术、财富、权势、知识、天才更宝贵的东西值得我们去追求，这极为宝贵的东西就是优秀而纯洁的品德。”英国的哲学家约翰·洛克也说：“优良的品德是内心真正的财富。”

一个人如果拥有了良好品德，就会拥有一种美好的情愫，就会拥有一种亮丽的情怀，用爱的眼光去看待万事万物。良好品德是高贵的品质，是豁达的境界，更是对于真善美的践行。只有拥有了良好品德，平凡的生命才会因此而生动起来，平凡的世界才会渲染出绚丽的色彩。

好品德，让我们感觉美好；好品德，也让我们感觉幸福。我们要选择幸福的人生，我们就一刻也不能忽视品德修养。

1. 品德修养能提高人的生活情趣和思想境界

人们能否在平凡普通的生活中发现和收获快乐，与一个人的生活情趣和思想境界紧密相关。生活情趣和思想境界较高的人，往往不过分注重物质享受给人带来的快乐，而比较向往精神生活的充实，执着于对理想的追求和奋斗，从中获取莫大乐趣和精神享受。生活情趣与思想境界较低的人，则目光比较短浅，对物质享受特殊的偏好而忽视生活中蕴藏的各种精神价值。他们常以追求感官刺激的暂时满足为乐事，向往或沉湎于花天酒地、纸醉金迷的生活，即使他们经常感到精神空虚，也因为找不到或无力用健康的方式填补这种空虚的途径，而不得不反复甚至加剧这种感官刺激式的瞬间快乐。

人与人之间在生活情趣和思想境界方面的差异，多半是由品德所决定的。品德的修养，这是一个复合的、内涵十分丰富的概念。一般地说，它主要包涵一个人在思想境界、道德素质及思想意识方面的自我锻炼、自我塑造和完善的功夫。

一方面品德修养是指修身养性，注重内心体验和自我反省的功夫；另一方面，也有用于待人处世、形成某种特定态度，以及反映个人在政治思想、道德品质，甚至知识技能和能力所达水平的意思。判断品德对修养功夫的依据，主要看一个人在社会生活实践的各个方面所形成的情操及是否达到较高的思想境界。

这就是说，品德修养是发展和提高一个人思想境界和良好道德品质水平的主要途径。人的道德品质和思想境界，都是后天修养的结果，而不是生来俱有的。任何个人，如不认真进行品德修养，就没有崇高的思想境界和道德品质，也就不可能真正获得快乐，并体验到生活的极大乐趣。

2. 品德修养能帮助人们发现并体验快乐

快乐，人人都向往，人人都拥有。普通人的现实生活中就有大量令人快乐的事物，就看你能否发现它，并有效地体验它。有的人在别人看来生活过得很艰苦，但他却享受到艰苦生活的乐趣；而有的人虽然生活很富裕，但却过得很疲惫，身心都痛苦。这种差异是由于人们的世界观、人生观、价值观等方面的不同所造成的。不管人们是否承认或是否意识到世界观、人生观和价值观，但客观上它们总是与人们的品德修养紧密联系的。

毋庸讳言，一定的物质生活水平，是人生快乐的不可缺少的条件。如

果一个人缺乏起码的衣食住行等基本生活条件，无疑会感到痛苦，而丝毫无快乐可言。而且，随着社会生产力的发展，人们对物质生活的内容及其水平的要求不断提高，也完全是正当的。

但是，也应该看到，人类社会生活，绝不仅仅局限于物质生活。对崇高精神生活的追求，是人类文明的重要标志之一。人们精神生活是否充实，高尚，也是快乐人生的一个重要方面。只看重和追求物质享乐的生活，绝不是健全人所向往的幸福生活。如同古希腊哲学家赫拉克利特讽刺这类人说的那样："如果幸福只在于肉体的快感，那么应当说，牛找到草料的时候是幸福的。"一位作家也说过类似的话：如果幸福仅仅在于吃和睡，那么猪就是世界上最幸福的了。人之所以是人，就在于人有思想，有理性，有理想追求，有精神寄托。

事实上，如果人们只有物质生活的满足，而没有充实的精神生活，是谈不上幸福和快乐的，相反倒可以使人颓废，甚至走上厌世轻生的歧途。在现实生活中，也有一些青年，还未充分享受人生的乐趣就厌世轻生，而很多还是学历较高的大学生、研究生。这些厌世轻生的青年人，多数不是物质生活不满足所造成，而是由于放弃了品德修养，缺乏正确的人生观和价值观，以致精神极度空虚所造成的。

与此相反，一个人如果有了明确的生活目的，有崇高的理想和健康而充实的精神生活，即使物质条件并不优厚富裕，甚至很差，也不会颓废消沉，感到生活无望，相反可以从清苦的生活中发现独到的幸福和快乐。而这种幸福和快乐，在有些人那里几乎是不可理解的。像陈景润那样醉心于事业，立志摘下证明哥德巴赫猜想这颗号称"数学王冠上的明珠"，而对极为简朴的物质生活无不适应。他的思想高度集中于数学问题上，甚至走路不自觉撞在了树上还惶恐地以为撞了人。这看来似乎是一大笑话，其实却是千古的美谈。在别人看来是艰苦，枯燥的事，他却能从中感受到无比充实和快乐。这些固然没有必要，也不可能要求人人都像陈景润那样生活，但谁也无法否认，陈景润在数学上取得的成就，为祖国和他本人争得的荣誉，是与他献身科学的崇高品德分不开的。

3. 品德修养能提高人的耐挫力

耐挫力，这是指一个人能在多大程度上承受挫折的能力。一个人的耐挫力如果较高，则人们面对挫折的消极心理反应就会大大降低，使痛苦和烦恼减少发生或者不得发生。在减少挫折带来的痛苦和烦恼的同时，就等于扩大了愉快心境的范围，提高了人们对快乐事件的感受性。

一个人耐挫力的高低是由各种因素决定的。比如，他的性格特点、文化知识水平、生活经历经验等，而其中有些因素是直接或间接地与他的品德修养相关联的。

首先，品德修养功夫的浅深，对一个人的性格有重要影响。性格是人对现实的稳定的心理风格和习惯的行为方式。性格基本上是在后天社会生活实践中形成的。而品德修养正是影响和改变人们习惯的行为方式和心理风格的主要因素。如性格中热情这种心理品质，就可以在品德修养中逐渐形成和发展起来。如果人们是有热情的品质，就会较好地处理待人接物及工作中的各种关系和问题，减少受挫折的可能。相反，一个人如果不具备这种品质，对一切都不感兴趣，那么生活在他看来就是暗淡的。在工作及待人接物中，就可能因一些细小的问题而产生烦恼和痛苦，失去生活中应有的欢乐。

其次，品德修养的功夫也影响人对生活经验的总结和评价。一个人的生活经历是客观存在的。既往的生活经历是不可更改的，但是，从生活经历中积累和总结的生活经验，其意义却可以因为个人的品德修养而作出不同的评价。生活中遭受的某个挫折（如高考落榜、情场失意等），在具备良好品德修养的人那里，可以成为奋起的动力：落榜者下决心准备再考，失恋者不失志，再寻意中人缔结良缘。而在品德修养功底不深的人，则可能导致心灰意冷，在“无力回天”的痛苦悲叹声中，白白地让一次次可以重新争取的机会悄悄溜掉。

此外，一个人的品德修养虽不能影响他的知识文化水平，但却可以对他知识文化水平作用的发挥产生影响。有较高的知识文化水平，配以良好

的品德修养，就可以为他运用知识文化去创造业绩提供有力帮助。反之，一个人的品德修养较差，消极颓废，不求进取，即使有较高的知识文化水平，也只能像闲置背囊中的一把斧头，不仅无用，而且是一个沉重的包袱。

总而言之，真正的快乐确实是品德修养的结果。一位智者曾经告诫人们："可以交出你的皇冠、珠宝和金银，但绝对要保留你良好的品德。"好品德是人类的无价之宝。它把高尚与友情，它把忠实与勇敢，吸纳到爱的生命中，让生活变得更加美好。所以，让我们在自己的心田播种下良好品德的种子吧，日后一定能灌溉出灿烂的快乐花朵，结出丰硕的幸福果实！

杨安谈无明

☆ 没有好品德的美，转瞬即逝；有好品德的美，光辉永存。

☆ 好品德不但给幸福于受施的人，也同样给幸福于施与的人。

☆ 好品德能唤起人们难以摧毁的希望，能点燃难以熄灭的光明。

内圣外王，万般烦恼随风飘

"内圣外王"一词，出自《庄子·天下篇》。书中说："圣有所生，王有所成，皆原于一。此即'内圣外王之道'。""内圣外王"的意思是只有自身具有圣人的贤德，才能对外施行王道。孔子根据庄子的一套理论把"内圣外王"作为儒家的重要思想，来阐释儒学的基本理论。

在儒家看来，"内圣外王"是天下治道之术。

"内圣"是一种人格理想，它表现为："不离于宗，谓之天人；不离于精，谓之神人；不离于真，谓之至人。以天为宗，以德为本，以道为门，兆于变化，谓之圣人；以仁为恩，以义为理，以礼为行，以乐为和，熏然慈仁，谓之君子”。

“外王”是自身的一种政治理想，它表现为：“以法为分，以名为表，以参为验，以稽为决，其数一二三四是也，百官以此相齿；以事为常，以衣食为主，蕃息蓄藏，老弱孤寡为意，皆有以养，民之理也”。

因此，“内圣”是应该具备的无私的道德修养，“外王”就是齐家、治国、平天下。“内圣外王”是古今高尚的伟人和学者们追求的最高境界。在人们追求幸福的道路，“内圣外王”的境界也是消除烦恼，获得幸福的引路人。有德者有福，这既是善良人们共同的期望，又是充满智慧的人生真理。只有善待生活中的每一个生命，微笑面对他人，自己才能拥有无穷的快乐。

无德的自私之人，总在心理上有着种种的不平衡，总会怨天尤人，抱怨命运。总觉得命运对自己很不公平，内心深处滋生对现实的不满，生活得很累，也很烦恼。有人信奉“人不为己，天诛地灭”、“人为财死，鸟为食亡”的格言，一切以自我利益为中心，言行偏激，为人处世利益当头，甚至误入歧途，自毁人生。

英国奥斯卡·王尔德的童话《巨人的花园》，讲述了巨人拥有一座非常美丽的花园，但自私的他却不准任何人进入，把天真无邪的小孩子全都赶了出去。孩子们没有了快乐，花园变得不再美丽，鸟儿不再歌唱，花儿不再绽放，春天不再光临，夏天也不见踪影，秋天把硕果送给了其他的花园，冰雪封冻了巨人的花园。他的花园从此只有北风、冰雹，还有霜和雪在园中的林间上蹿下跳，一片荒凉。

有一天，由于孩童的再度到来，春天的美景又重现花园，触动了巨人的心，也让巨人变得不再自私。放下自私，拥有美德，就会拥有内心快乐的春天。

有报道，2010 年 4 月江苏盐城有一位常年捡破烂的 83 岁老人张忠泉，把自己多年来积攒的 10 万元钱捐给了盐城慈善会，并再三强调“这笔钱要用于救灾”。10 万元捐款中，有一部分是自己的退休工资，还有一部分是靠捡破烂卖废品得来的。捡破烂老人的无私，让生活中多少自私自利者汗颜？

像张忠泉老人一样，心底无私天地宽，就能时时感到生活的美好，就能感到人间的温暖。只要拥有积极的生活态度，无论条件多么艰苦，每天都能看到崭新的太阳，因为无私是快乐的源泉！

看过一个关于《爱，财富与成功》的故事：

一名妇女发现三位蓄着花白胡子的老者坐在家门口。她不认识他们，就说："我不知道你们是什么人，但各位也许饿了，请进来吃些东西吧。"三位老者问道："男主人在家吗？"她回答："不在，他出去了。"老者们答道："那我们不能进去。"

傍晚时分，妻子在丈夫到家后向他讲述了所发生的事。丈夫说："快去告诉他们我在家，请他们进来。"妻子出去请三位老者进屋。但他们说："我们不能一起进屋。"妻子想知道为什么。其中一位老者边解释边指向身旁的两位："这位的名字是财富，那位叫成功，而我的名字是美德。"接着，他又说："现在回去和你丈夫讨论一下，看你们愿意我们当中的哪一个进去。"

妻子回去将此话告诉了丈夫。丈夫说："我们让财富进来吧，这样我们就可以黄金满屋啦！"妻子却不同意："亲爱的，我们还是请成功进来更妙！"他们的女儿在一旁倾听，她建议："请美德进来不好吗？这样我们家就可以充满了美好！"丈夫对妻子说："听女儿的吧。去请美德进屋做客。"

妻子出去后问三位老者："敢问哪位是美德？请进来做客。"美德起身向她家走去，另外两人也站起身来，紧随其后。妻子吃惊地问财富和成功："我只邀请了美德。为什么两位也随同而来？"两位老者答道："假如您邀请的是财富或者成功，那么另外两人会留在外面，但是您邀请了美德。美德走到什么地方我们就会陪伴他到什么地方。"

美德在哪里，你的财富和成功就在哪里——不论今后遇到怎样的困难、怎样的逆境、怎样的迷茫，不论何时何地，只要你有无私的美德，你就能像磁铁一样，吸引到有用的资源、美好的事物以及幸福的生活。

一位禅师曾经说过："美德是生命快乐之源。"我们可以肯定地说，烦恼的人，往往就是没有美德的人。美德是生命中最神奇的力量，叩开紧闭封锁的心门，放飞快乐的和平鸽，于是你智慧地理解了所有人，痛快地接纳了所有事。让快乐走进了你的心扉，钻进了你的心窝。

那么，怎样提高道德品质修养，达到内圣外王的无忧境界呢？

1. 提高道德认识

道德认识主要指人对于客观存在的道德关系的感知以及处理这种关系的原则和规范的认识。其中，道德概念的形成和道德判断力的提高是道德认识的两个最重要的方面。

道德概念的形成和掌握并不完全取决于知识和理论。人们对于道德概念的把握，更多的是在社会生活实践中，通过千百次的对不同具体行为进行道德评价积累起来的。道德概念不仅使一个人能够从许多道德现象和道德关系中，以及从某种道德行为的多方面表现中，概括地把握一定的道德关系和道德行为的本质，而且能够使人们从这种认识中，进一步理解和把握一定的道德原则和规范。

道德判断是运用道德概念进行道德评价的认识活动，同时又是揭示道德概念所包含的本质内容的道德认识的更高阶段。道德判断能力也主要是从千百次的道德评价实践中发展起来的。道德判断能力的提高，通常能对个体道德行为的调节提供理性的指导，同时可以通过对社会行为的道德评价，全面认识和评价自己的行为是否合乎道德规范。

2. 培养道德情感

道德情感，通常又称道德感，它是人类所特有的一种高级情感。这种情感在人们的工作、学习及日常生活中作为一种内在的激励力量，是经常起作用的。它是一切道德行为的重要前提。道德情感是指一个人根据社会约定俗成的道德标准处理各种社会关系以及评价自己或他人行为时所体验到的情感。道德情感总是表现为具体的情感体验，而涉及人们情感体验的对象十分广泛，因此，道德情感不仅仅涉及人自身的行为表现以及各种复杂的人际关系，而且还涉及自然界的客观存在物。比如异国他乡生活多年的人终于回到祖国，祖国的山水草木均可以激起他强烈的热爱之情，这就是一种爱国主义道德情感体验。

3. 磨炼道德意志

道德意志，这是指人们在遵守道德原则，按照道德规范履行道德义务的过程中所表现出来的一种品质，这种品质能够使人们自觉地克服一切困难和障碍，表现为复杂情境中的道德抉择能力和为实现道德要求而持之以恒的坚韧精神。

4. 优化道德习惯

养成良好的道德习惯，是形成良好的道德品质的落脚点。一个人是否具备高尚的道德品质，实质上不在于他的言论是否动听，而在于他的言行是否一致，行为是否高尚，是否始终如一地把道德原则和规范贯彻到实践行为当中。

5. 提升道德境界

道德境界是指人们接受道德教育，进行道德修养所达到的程度。人的道德境界大体上可以划分为以下四种类型或四个层次。

（1）极端自私自利的道德境界。

（2）追求个人正当利益的道德境界。

（3）先公后私的社会主义道德境界。

（4）大公无私的共产主义道德境界。

这就是内圣外王的境界，也是整个人类社会的最高道德境界。处于这种道德境界中的人，一切言行都能以有利于集体利益为原则。他们总是对人民极端负责，对同志极端热忱，总是把人民的事业作为自己的事业，把他人的幸福当作自己的幸福。全心全意为人民服务、“毫不利己，专门利人”是他们信守不渝的座右铭。大公无私的境界，公与私不是绝对地对立，而是两者的完美结合。这种境界十分崇高，因而也不容易达到。就今天来说，只有较少数的先进分子达到了这一境界。

道德境界的不同层次表明，人们要在道德上不断完善自我，就必须加强自身的道德修养，不断提升自己的道德境界，从而培养高尚的道德人格，为社会的道德进步作出积极的贡献。

《中庸》上说：真正的天下之道，不在天下之中，而在你的心中。内圣外王的追求也是对完美的追求和对美好的渴望。只有将自己正直善良的无私之心传递出去，和天地万物相融合，才得以走向至善的境界。如此，自然可以达到修身、齐家、治国、平天下的圆满境界。

格言说得好：“美德仅需要你举手之劳就可以从你的心灵里流淌出来，但却给别人施以无尽的温暖，也给你自己带来无尽的回报。”因此，不管现在的你正处于什么样的心情，请别忘记持之以恒的进行内圣外王的修炼，这种修炼是创造力的源头，是科学的指路明灯，是个体安身立命的根基，是社会进步发展的底座。必须经由修炼达到的高境界，才能通往意志自由，获得无与伦比的精神力量，使烦恼随风消失得无影无踪，实现自己想要实现的一切理想。

杨安谈无明

☆ 哪里没有美德和真理，哪里也就谈不上有高尚和伟大。

☆ 美德是一切坚强、温暖和光明事物的创造者。

☆ 谁远离美德，谁就远离了平安、幸福、祥和与自由。

【第五章】

看透心中痴与执，放下才是真拥有

在人生的路上，多一些对身外之物的旷达，体会与世界一样博大的胸襟，懂得适时放下，正是内心平衡、消除烦恼、获得快乐的灵丹妙药。只有懂得适时放下，才能把握最重要的东西，让自己的潜质得到最充分的发挥，人生也才会变得丰厚起来，快乐从此才不会离开。

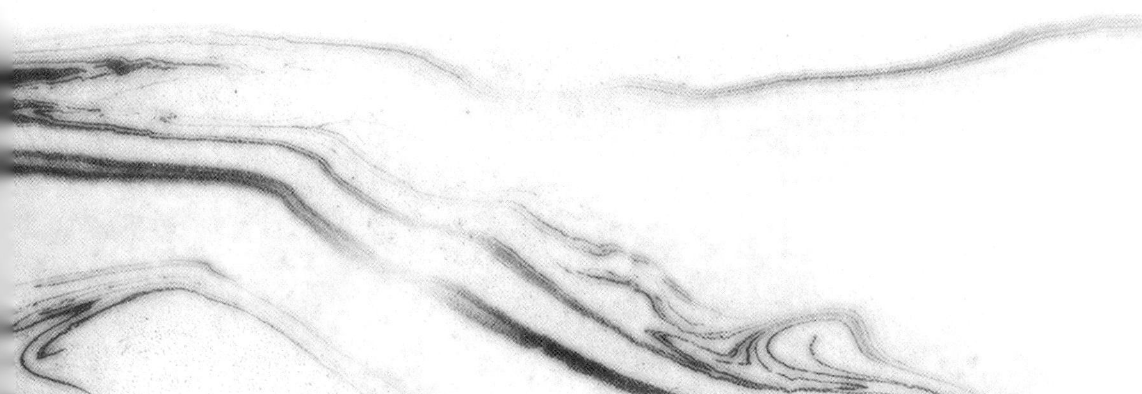

得有几多烦恼就有几多

长期以来，人们不断地绞尽脑汁以得到各种有形、无形的事物，以让自己富有、充裕，让自己壮大、盈满。人们相信只有得到的越多才能越幸福。然而，事实是我们“得”的越多，烦恼就越多，只有善于“舍”的生活才能让我们快乐。

哲学家第欧根尼说，所谓自然的就是正常的而不可能是罪恶的或可耻的。抛开那些造作虚伪的习俗，摆脱那些繁文缛节和奢侈享受——只有这样，你才能过自由的生活。有的人认为他占有了宽敞的房子、华贵的衣服，还有马匹、仆人和银行存款就会自由。其实并非如此，他依赖它们，他得为这些东西操心，把一生的大部分精力都耗费在这上面。它们支配着他，他是它们的奴隶。为了攫取这些虚假浮华的东西，他出卖了自己的独立性——这唯一真实长久的东西。

马其顿国王、希腊的征服者亚历山大是一代英雄。那时，几乎人人都希望在他的麾下效忠，甚至只是想看看他。唯独第欧根尼，他身居科林斯，却拒不觐见这位新君主。怀着亚里士多德教给他的宽宏大度，亚历山大决意造访第欧根尼。

一阵沉默。亚历山大先开口致以和蔼的问候。打量着第欧根尼孤单的烂衫，还有躺在地上那个粗陋邋遢的形象，他说：“第欧根尼，我能帮你忙吗？“能”第欧根尼说，“站到一边去，你挡住了阳光”。

一阵惊愕的沉默。慢慢地，亚历山大转过身。那些穿戴优雅的希腊人发出一阵窃笑，马其顿的官兵们判定第欧根尼不值一提，也互相用肘轻推着哄笑起来。亚历山大仍然沉默不语。最后他对着身边的人平静地说："假如我不是亚历山大，我一定做第欧根尼。"因为就在刹那间，亚历山大真正理解了生活的含义。

现代都市人仿佛已经"刹车"失灵，追赶物质生活的速度想减也减不下来，仿佛每一寸空气都颤动着想要有所"得"的因子，于是，多少人马不停蹄地挣钱、花钱，如此循环往复，与此同时，烦恼也紧紧地伴随着他们。

电影《黑客帝国》让人们拾起了抛弃了多年的哲学问题。在电影里，住在"锡安"的觉醒者们只吃简单的流质食品，尽管他们能够制造出美味佳肴，甚至栩栩如生的红尘景象，但他们拒绝这种虚拟真实的诱惑，保持生命的"真实"状态。

有这样一个真实的故事：

一位踌躇满志的年轻人，自己创业做了老板，经过一番艰苦卓绝的拼搏，他取得了成功，公司每年的利润在百万元以上，自己的生活也大有改观，住上了别墅，也开上了名车，可是他对自己的员工却非常小气，连自己的生活开支也是非常节俭。外出谈生意，为了省钱，他从不坐飞机，坐火车也只是硬卧，吃的是大排档，住的是小旅馆。一次，一名技术人员跟随他出差，回来后，这位技术人员说："路过几座名城，竟然一个景点都没有去。"

可是，天有不测风云，人有旦夕祸福，一次谈生意回来，他发生了车祸，他坐在副驾驶上，受了很重的伤，幸亏抢救及时，而且幸运地保住了他的两条腿。

经历这次车祸以后，这位老板好像变了一个人，一改以前的严肃、凶横，对人和气谦恭，很多员工都感觉不适应，以为自己做错了什么事情。

有个朋友问起其前后变化的原因，他若有所思地说："以前，我以前的人生都是加法，认为人活着要像滚雪球一样的攒钱，要不断地发展壮大自己。可是这次出了车祸，我躺在医院的病床上想，如果这次我死了，那么属于我的还有什么呢？如果我失去了两条腿，那么，我还能拼命地挣钱吗？所以，我觉得人不要把目标定得太高，比起健康的身体，比起快乐的活着，钱财显得微不足道，因此，出院以后，我决定不再执着于物质所得，该舍去的就舍去。"

美国管理大师彼得·德鲁克曾告诫企业家们，在审查自己每周的工作计划时，要学会适当舍弃，尽量舍弃那些"可办可不办"的事务。人的生命和精力毕竟是有限的，所以应该抛弃那些脱离实际的空想，远离虚名和物欲的诱惑。

生活在以经济为中心的时代，人们在追求利益和享受的最大化，物欲在制约着我们普通人的价值观。于是，我们的人生被"得"之心所役，有了一套房子后，想要两套房子，有了一辆汽车还想要第二辆汽车。有的喜欢买衣服，事实上，衣服明明已经很多了，而且有些买来以后从没穿过就不喜欢了。每天早上起来对着满满一柜衣服可以待上好长时间，看看这个不合适，看看那个好像前两天刚穿过。早上起来，本来就睡不够，还要考虑穿什么。过分地享受反而无法享受，这说明，你的人生已被"得"所缚，需要做一些"舍"了。明智的选择应是：享受一些更为简单的东西。

生活需要"舍"，要的是像比尔·盖茨那样的慷慨。当朋友需要帮助时，应该适当的"舍"；当有人遇到挫折时，应该适当的"舍"；当有孩子因贫困无法读书时，也应该适当的"舍"……生活中有许许多多的地方需要适当的"舍"。

生活需要"舍"，要的是能将泪水"舍"去。如果生活不如意，你需要适当的"舍"，让泪珠勇敢地落下；如果动情于某个感人的故事，你需要适当的"舍"，让泪水尽情地流淌；如果有人背叛了你，你需要适当的

"舍"，让眼泪如潮水般涌出来……让眼泪将你所有的委屈、痛苦、不公、怨恨从脑海里"舍"去。

生活需要"舍"，要的是能在"百忙中抽点时间"。人的一生总是忙忙碌碌，反反复复。生活中所有的压力都聚集在肩上，自己就像根紧绷的皮筋，一不留神便会断了。生活需要"舍"，要将肩头的重担一一减去。让自己轻松上阵，才能谱出更美丽的人生乐章。

生活需要"舍"，就如李敖之言："放下，是一种睿智，更是一种自我解脱。"泰戈尔说："当鸟翼系上黄金时，它就飞不远了。"

学会了"舍"，才得以卸下各种包袱；懂得了"舍"，才不至于以卵击石，更能出奇制胜，人生的步伐会更坦然，更坚实，生活也会更充盈。舍去负担，舍去名利，人生才会更豁达。"失之东隅，收之桑榆。"多一些对身外之物的旷达，体会与世界一样博大的胸襟，懂得适时而为，正是内心平衡、消除烦恼、获得快乐的灵丹妙药。

就像一位作家所说："减少了一次骄奢淫逸，就增加了一份灵魂的纯净与人生的宁静。减少了一次诽谤嫉妒，就增加了一份人际关系的空间与道德高度。减少了一次应酬周旋，就增加了一份家人的亲情与生活的从容。减少了一次献媚邀宠，就增加了一份人格尊严与心灵的轻松。"

人生就像一棵树，要将枝丫"舍"去，树木才会郁郁葱葱；人生就像一坛酒，要将无味的水"舍"去，酒才会更香醇；人生就像一盘棋，要将贪欲的棋子"舍"去，才能赢得真正的人生胜利……

得有几多，烦恼就有几多；善于舍弃，幸福就会来临。人生"舍"的哲学，就是舍去疲惫、舍去烦恼、舍去心灵上的沉重负担、舍去一些奢侈的欲望、舍去没有价值的身外之物。化繁为简、回归简单，使返璞归真的生活回到自己的日子里。

小溪舍弃平坦，才能回归大海的豪迈；蜡烛舍弃完美的躯体，才能拥有一世光明；心情舍弃凡俗的喧嚣，才能拥有一片宁静。无论何时，都不要被"得"所缚，学会适当的舍弃，过一种简单、快乐的生活，会让我们拥有更多的美好，拥有更加精彩的人生！

杨安谈无明

☆ 高尚地放弃是真正价值的获得，卑鄙地去获取是真正价值的失去。

☆ 不计较得失的人，没有什么困难是克服不了的。

☆ 心灵强大的前提是看淡对身外之物的得失。

我们坚持的大多是为了世俗的目光

我们在谈到成功之道时，常常强调要有一种勇往直前的精神，一种积极进取的精神。但很多时候，我们的坚持是为了世俗的目光，而不是为了真我的心灵。于是，这样的坚持往往使我们疲惫不堪，烦躁不安，空虚不已，迷惘不断。

从根本上讲，任何一个人都无法做到漠视他人对自己的评价。有时是觉得旁观者清，别人站在局外，可能更有发言权；有时是因为想从更有经验、更有阅历的人那里寻求帮助。但是，如果为了世俗的眼光，而影响我们的选择，就会阻碍我们前进的脚步，使我们最终无法实现自己原本可以实现的理想。

范晓萱是著名音乐人。在接受记者采访的时候，她畅谈了她是如何看待自己的。

她说："曾经我活得很累，因为我过于关注别人的感受，太在乎别人如何看自己，因此，我花费了很长时间来考虑别人是怎样看我的，我想让自己在每个方面都做得很好，因此，我的压力很大。现在，我学会了做真实的自我，也可以大胆地将自己的看法表达出来，我仅仅是想让自己不要活得那么累，尽量轻松些。"

很多人就如同范晓萱一样过分关注他人的看法，甚至活在了他人的眼光之中，总是束手束脚，因此发挥不出自己全部的聪明才智。

柯尔的家人都以画画为生，柯尔也想以画画作为自己的终身职业。在他欣喜地完成了一幅作品后，爸爸先泼来一瓢冷水：“哦，这太僵硬了。”柯尔按照爸爸的意见修改后，妈妈又说：“亲爱的，飘忽的东西没人爱看。”柯尔采纳了妈妈的意见。哥哥却说：“上帝，这是什么？是块木头吗？”柯尔又赶紧按哥哥的意见做了修改。最后这张画到了姐姐手里，姐姐说：“天呐！这简直是被染料弄脏的一张纸。”就这样，柯尔被别人的评论所左右，左改右改，始终没有画出一幅真正代表自己心意与个性的作品，一生都没能成为一个真正的画家。

我们常说：“走自己的路，让别人说去吧。”这句话所折射的人生观是极为深刻、极有意义的。心理学研究得出结论：如果一个人非常在意别人的眼光，说明他缺乏自信，对待生活有一定的自卑感。一个习惯于在世俗的目光中寻求肯定，为了世俗而坚持的人，往往就是迷失自己、丢失自信与人生信仰的人，而这种自我丢失的人生无疑是失败的人生。

每个人都有着不同的经历，因此在面对同一个问题时，所给出的答案也不尽相同，一千个人眼中就有一千个哈姆雷特。

面对同一片苍穹，有人从中看到了自然的空阔、有人窥见了宇宙的奥秘、有人看出了它的胸怀博大、有人想起了关于它的种种传说；面对同样一条沟壑，悲观者的眼中只有它的危险，而乐观者却能从中体会到超越它的信心与成就感……

我们可以把问题的出现当作一个起点，把问题的解决作为终点，这其中要经历的过程则是多种多样的。因为我们对于事物有不同的见解与认识，自然就会产生不同的解决方法。正所谓：“横看成岭侧成峰，远近高低各不同”。生活就是一个多棱镜，每个人都能从中看到自己的不同面。因此，将精力浪费在关心世俗的目光上，为了世俗的目光而作出取舍，作出坚持，是愚昧而无益的。这样只会让自己无所适从，或作出让自己抱憾终身的选择。

西莉亚自幼学习艺术体操，身段匀称灵活。可是很不幸，一次意外事故导致她下肢严重受伤，一条腿留下后遗症——走路有一点瘸。为此，她十分懊丧，甚至不敢走到街上去，因为害怕看见别人注视残腿的目光。作为一种逃避，西莉亚搬到了约克郡乡下。

一天，小镇上的雷诺兹老师领着一个女孩来向她学跳苏格兰舞。在他们诚恳的请求下，西莉亚勉为其难地答应了他们。为了不让他们察觉自己残疾的腿，西莉亚特意提早坐在一把藤椅上。可那个女孩偏偏天生笨拙，连起码的乐感和节奏感都没有。

当那个女孩再一次跳错时，西莉亚不由自主地站起来给对方示范那个要领——一个带旋转的交叉滑步动作。西莉亚一转身，便敏感地看见那个学生的目光正盯着自己的腿，一副惊讶的神情。她忽然意识到，自己一直刻意掩盖的残疾在刚才的瞬间已暴露无遗。这时，一种自卑让她无端地恼怒起来。西莉亚的行为伤害了女孩的自尊心，女孩难过地跑开了。

事后，西莉亚满心歉疚。过了两天，西莉亚亲自来到学校，和雷诺兹老师一起等候那个女孩。西莉亚说："把你训练成一名专业舞者恐怕不容易，但我保证，你一定会成为一个不错的非职业领舞者。"

这一次，他们就在学校操场上跳，有不少学生好奇地围观。那个女孩笨手笨脚的舞姿不时招来同学们的嘲笑，她满脸通红，不断犯错，每跳一步，都如芒刺在背。西莉亚看在眼里，深深理解那种无奈的自卑感。她走过去，轻声对那个女孩说："假如一个舞者只盯着自己的脚，就无法享受跳舞的快乐，而且别人也会跟着注意你的脚，发现你的错误。现在你仰起脸，面带微笑地跳完这支舞曲，别管步伐是不是错的。"

说完，西莉亚和那个女孩面对面站好，朝雷诺兹老师示意了一

下。悠扬的手风琴音乐响起，她们踏着拍子，愉快起舞。其实那个女孩的步伐还有些错误，而且动作不是很和谐。但意外的效果出现了——那些旁观的学生被她们脸上的微笑所感染，也不再去关注舞蹈细节上的错误。渐渐地，有越来越多的学生情不自禁地加入到舞蹈中。大家尽情地跳啊跳啊，直到太阳下山。

在这世上，没有任何一个人可以赢得所有人的满意。为了世俗的眼光而坚持的人，会迷失自己真正的道路，会逐渐暗淡自己人生的光芒。

如果一个企业家的坚持是为了工人的目光，他就不是一个强有力的管理者。在发奖金的时候，他会首先考虑到副经理会怎么想，科长会怎么议论自己，然后那些老工人会不会认为我不照顾他们，还有门卫会不会认为自己不体贴他。这样，不调整十几遍，奖金是发不下去的。如果一个歌手，上台之前就东想西想，一身衣服会换上十来次，最后还是带着疑惑上场，上场后发现掌声没料想的热烈，心里又嘀咕上了……这样的歌手肯定是唱不好歌的。而如果是个外交官，那可能就会被人家牵着鼻子走，把自己国家都给卖了。为了世俗的眼光而坚持，肯定会以失去自我、失去个性为代价，没有自我、没有个性的人肯定成不了大事，也不可能实现自我的人生价值。

贝多芬学拉小提琴时，技术并不高明，他宁可拉自己作的曲子，也不肯做技巧上的改善，于是他的老师说他绝不是个当作曲家的料。

达尔文当年决定放弃行医时，遭到父亲的斥责：“你放着正经事不干，整天只管打猎、捉狗、捉耗子。”另外，达尔文在自传中透露：“小时候，所有的老师和长辈都认为我资质平庸，我与聪明是沾不上边的。”

爱因斯坦 3 岁才会说话，7 岁才会认字。老师给他的评语是：“反应迟钝，不合群，满脑袋不切实际的幻想。”他甚至曾遭到退学的命运。

罗丹的父亲曾悲叹自己有个白痴儿子，在众人眼中，他曾是个前途无“亮”的学生。

托尔斯泰读大学时因成绩太差而被劝退学。老师认为他：“既没读书的头脑，又缺乏学习的兴趣。”

如果这些人不是“走自己的路”，而是被世俗的眼光、评论所左右，坚持选择了世俗眼光中的道路，他们又怎么可能取得举世瞩目的成绩？

对于所有明智、勇敢、坚毅、内心充实的人来说，他们所坚持的自己的本心，是实现自我价值的正确之路，他们每做一件事，都是朝着自己的目标前行。他们不为世俗的目光而活，只是坚持走自己的路，因此，他们的心灵是幸福愉快的，他们的人生也是富有价值和意义的。

人活在这个世界上，所追求的应当是自我价值的实现，并不是为了世俗目光而活。那些真正能够活出真我、活出精彩的人是幸福的、是成功的，也是最值得效仿的。因为他们不被世俗目光所误导和限制，而是将自己所有的潜力都发掘了出来，以淡定的心态，面对世事的演变，面对荣辱得失，所以他们的生活也是最真实、最坦荡、最自然的。

如果我们追求的幸福是处处参照世俗的目光，那么我们的一生都会悲惨地活在无意义的价值观里。所以我们必须勇敢一些、洒脱一些，不为世俗的目光坚持，而是勇敢地走自己的路，遵照真我的心灵，坚信自己的潜能，执着自我的感悟。用敏锐的视线去透视这个世界，用心去感受这个多彩的人生，给自己一个富有真正价值和意义的回答。

杨安谈无明

☆ 人要活得自在、活得快乐就要靠正确的坚持。

☆ 成功的秘诀在于永不改变正确的坚持。

☆ 错误的理念是人生中可怕的敌人。

你所认为的，大多只是一种假设

冉求是孔子的得意门生之一，初识孔子时，他想要学习孔子的学说，但又顾虑自己学不到精要之处，于是就对先生说：“您的学问虽好，但我认为我是没有能力领悟了。”这时孔子就告诫他：“你这样认为，就是以你的假想给自己设置障碍。”

其实，我们不是也常常如此吗？还没有真的见到新朋友，就认为“这个人一定是个古怪的人吧”；还没有参加考试，就认为“我一定考不好的”；身体有一点不舒服，就认为“我也许得什么重病了”……我们往往会被这样的认为吓倒，裹足不前，无法集中精力做本来可以胜任的事情。

心理学家表示，人们担心的事情，大部分都不会发生，会发生的比例只有4%～6%而已。也就是说，100件你所烦恼的事情，只有4～6件会发生，这真是微乎其微。所以，很多时候，我们所认为的种种，大部分都不存在，都只是我们脑海中的假设。我们不过是在自寻烦恼，在搬起石头砸自己的脚。

有一个人到山里去旅游，他坐在山路边休息时，脚腕被一只黄蜂蜇了一下。但是，他并没有发现那只黄蜂。他摸着脚腕上那个肿胀的包，心中感到非常恐惧。

他曾经听人说过，这座山里生长着一种毒虺。它总是躲在暗处，只要有人从它旁边经过，它会突然跃起朝行人咬上一口，令人防不胜防。而且，他还知道被毒虺咬了之后，只要走出十步，便会命丧黄泉。

想到这儿，那人的脚腕愈加肿痛了，并开始传遍全身的每一根神经。他肯定自己是被毒虺咬了。幸亏，当时他在听人说这件事情的时候，曾跟人家请教过解救的办法：只要原地不动，在心里默念“毒虺、毒虺”的咒语，到日落西山时，虺毒会自然解除。

于是，他就动也不动地站在那儿，默默地念着咒语。但是，他的内心仍然非常恐惧，他不敢肯定这个咒语是否灵验。从他身旁经过的那些游客，都用诧异的眼光看着他。火辣辣的太阳烤得他头晕目眩，他不知道自己已经站了多久，念了多少遍咒语，他只是在急切地盼望着日落。结果，还未等到日落，他就晕倒在山上。

他被送到山下的医院救治，医生们经过检查后发现，他是因为中暑晕倒的，待他醒过来之后，医生问他中暑的经过。

他告诉医生，他在山上游览时，可能是被毒虺咬了，所以他就用前人传下的那个办法，默念咒语解毒。

医生听完后忍不住笑了，告诉他，毒虺只是一个传说，而默念咒语解毒更没有科学依据。

那个人惊讶地问：“难道山里没有毒虺吗？”

医生说：“凡是居住在这座山里的人，包括他们的祖祖辈辈，还没有一个被毒虺咬伤的，更不用说是见到它了。”

游客听了之后，满面惭愧。他感觉脚腕不再像先前那么疼了，只是游兴全无。

很多时候，我们面临困境未战先退，原因很简单——脑海中的认为产生了恐惧。对困难的认为产生的恐惧；对未知的认为产生的恐惧；对环境的认为产生的恐惧……当种种我们的认为盘旋在我们脑海中时，恐惧就轻易地充满了我们的心灵，失败也就在所难免。然而，这种认为却只是假设，它并不是真实存在的。

因此，恐惧是由假设所产生的，而这种假设苦难会发生的消极心理暗示，才是真正的也是最大的苦难。比方说，如果生了病就担心，产生自己是否患了重症、是否癌症找上门、是否活不久等种种负面的想法，即使原本是健康的身体，也会因为负面的思维让生理产生负面的变化。

一位美国电气工人，在一个周围布满高压电器设备的工作台上工

作。他虽然采取了各种必要的安全措施来预防触电，但心里始终有一种恐惧，害怕遭高压电击而送命。

有一天他在工作台上碰到了一根电线，立即倒地而死，身上表现出触电致死者的一切症状：身体皱缩起来，皮肤变成了紫红色与紫蓝色。但是，验尸的时候却发现了一个惊人的事实：当那个不幸的工人触及电线的时候，电线中并没有电流通过，电闸也没有合上——他是被自己害怕触电的自我暗示杀死的。

假设产生的恐惧是我们今天面对的最大的挑战之一。它使我们无法充分地展示自我，同时又阻碍着我们爱自己和爱他人。没来由的、荒谬可笑的假设会把我们囚禁在无形的监牢里。

有一天，琼觉得自己好像生病了，就去图书馆借了本医学手册。当她读完介绍霍乱的内容时，方才明白，原来自己患霍乱已经几个月了。她被吓住了……

后来，她很想知道自己还患有什么病，就依次读完了整本医学手册。按照医书上的说明以及她的理解，除膝盖积水症以外，她什么病都有！

她迫不及待地想弄清楚自己到底还能活多久，就搞了一次自我诊断：先动手找脉搏，开始脉搏也没有了！后来才突然找到，一分钟跳一百四十次。接着，又去找自己的心脏，但无论如何也找不到了！她感到万分恐惧。最后她认为，心脏总会在它应在的地方，只不过她自己没有找到它罢了……

琼前往图书馆时，觉得自己还算是个幸福的人，可当她看完医学手册时，却成了一个浑身都有病的“老太太”。于是她忧心忡忡地去找医生。

医生给她作了诊断并给她开了一张处方。她拿起一看，只见上面写着：“煎牛排一份，啤酒一瓶，六小时一次。十英里路程，每天早上一次。不要用你不懂的事情塞满自己的脑袋。”

琼照这样做了，一直健康快乐地活着。医生的忠告救了她的命。

没事自己吓自己、自己给自己找烦恼是世间一大通病——刚刚有点头痛脑热，便怀疑肺结核、艾滋病，认为要大祸临头了，寝食不安，直到去医院拿回两包感冒药方才安心；别人稍不经意间得罪了自己，便怀疑那人故意与自己为难，并且把许多年前发生的事都一一联系起来，然后更加气恼不堪。

在假设中的忐忑不安的心绪支配下，一种自然而然的焦虑就会在我们的心中积聚起来，转化为恐惧和惊慌失措。在这种情况下，我们就不能充分地享受生活了。面对可能蒙受的耻辱，我们就会退缩和自暴自弃，不去作创造性的贡献。由于假设会遭到拒绝，我们不敢去努力争取我们真心想得到的东西；由于假设会失败，我们会拒绝承担责任；由于假设会与他人不一致，我们就可能放弃自身的个性。

我们为什么常常会用自以为是的假设来阻碍自己的进步呢？

有的学者说："愚笨和不安定产生误解，知识和保障却拒绝误解。"

有的学者进一步指出："知识完全的时候，所有误解和恐惧，都将统统消失。"

中国宋朝理学家程颢、程颐说："人多恐惧之心，乃是烛理不明。"

古罗马箴言说："恐惧之所以能统治亿万众生，只是因为人们看见大地寰宇，有无数他们不懂其原因的现象。"

显然，恐惧的形成，源于片面看待问题时的一种假设。因此，这些恐惧多数是不存在的。当恐惧开始侵袭你软弱的心时，你要立刻转变你的思想，如同丢弃不良行为一样坚决拒绝自认为的假设，确信自己是多么坚强，多么有能力，多么有把握，准备得多么充分。千万不要让消极的假设在你的体内复制、发展，不要让它控制了你的思想和行为。

避免消极假设引起的恐惧、烦恼使我们裹足不前、自误自怠的办法：首先，我们需要不断地学习，运用辩证唯物主义的立场、观点和方法，分析问题，克服认识上的片面性。

其次，要培养自己的勇气，只要无所畏惧，我们就能够勇敢面对和克服各种困难。

最后，在做事前先给自己积极的心理暗示。先预想一个好的结果，想到自己会成功，有这种积极心态的人，成功的可能性就很大。成功者在做事前，总是保持着积极的心态，相信自己能够取得成功，结果真的成功了。这是人的意识和潜意识在起作用。

富兰克林说："我未曾见过一个早起勤奋谨慎诚实的人抱怨命运不好；良好的品格，优良的习惯，坚强的意志，是不会被假设所谓的命运击败的。"

生活中，我们认为无法克服的困难，我们认为难以解脱的烦恼往往是由于我们内心的假设引起的。思想造就出个性，一念之间往往决定一生的命运。如果人心总有消极假设，烦恼痛苦就会接踵而至，犹如车轮一样碾过；如果心态积极，不断学习，勇于创新，积极进取，快乐便如影相随，一生陪伴左右。

杨安谈无明

☆ 上天给人困难的同时，也会给人成功的能力。

☆ 能将正确的选择坚持下去的人是非常幸福的。

☆ 从不为艰难岁月哀叹，从不为自己命运悲伤的人，具有所向披靡的能量。

懂得适时地放下才能拥有快乐

非洲土著民族用一种奇特而有趣的狩猎方式捕捉狒狒。他们在一个固定的小木盒里面装上狒狒爱吃的坚果，盒子上开一个小洞，恰好够狒狒的前爪伸进去，而狒狒一旦抓住坚果，爪子就抽不出来了，直到猎人来“解救”它。那么，狒狒为什么前爪能伸进盒子里却抽不出来了？因为狒狒有一个习性：它从不肯放下已经到手的东西。

人们总是嘲笑狒狒的愚蠢：为什么不松开爪子放下坚果逃命去？但审视一下我们自己，也许就会发现，并不是只有狒狒才会犯这样的错误，身为万物之灵的我们，为了一时之利，是不是也在死抓着某些东西而不肯放下，是不是也因此而断送了我们更为宝贵的东西？

马嘉鱼是一种很漂亮的鱼种，银肤、燕尾、大眼睛，它们平时生活在深海中，在春夏之交的时节溯流产卵，它们随着海潮漂游到浅海，当然这时也是捕捉这些鱼的最好的时刻。当地的渔人捕捉马嘉鱼的方法很简单：他们只需要用一个缝隙匀称的竹帘，下端系上一块铁，然后放入水中，由两只小艇拖着，拦截鱼群即可。

马嘉鱼的“个性”非常坚韧，它们不喜欢拐弯也不懂得放下，即使它们闯入那个用来捕捉自己的罗网之中也不会停止自己前进的行为。所以这些鱼一只只的在“前赴后继”的过程中陷入帘孔中，帘孔随之紧缩。孔变得越紧，马嘉鱼显得越激怒，它们瞪大眼睛，张开脊鳍，更加拼命地往前冲，结果只能被牢牢卡死，最终被渔人所获。

或许这些马嘉鱼只是因为习性，所以不懂得适时放下。但是在生活中却不乏像马嘉鱼这样的人。他们不懂得什么时候该收，什么叫该放，使得自己的路越走越窄，希望越来越少，快乐离自己远去，最终什么都没有得到。

电影《新少林寺》的片尾曲这样唱道：“放下颠倒梦想，放下云烟。放下空欲色，放下悬念。多一物，却添了太多危险。少一物，贪嗔痴，会少一点。唯有心无挂碍成就大愿，唯有心无故妙不可言。算天算地，算尽了从前。算不出生死会在哪一天……”

现实中的很多人之所以在前进的路上举步维艰，就是因为身上背负的

东西太重，他们之所以背负那么重的东西，就是因为他们还不懂得适时放下。

人一生下来就会面对一个灯红酒绿、五彩缤纷的世界。如不能放下名利，人们会在“人比人气死人”的心理下产生嫉妒；在蝇头微利面前言不由衷；在逢迎拍马中殚精竭虑；为一得而忘乎所以，为一失而灰心丧气……当人们陷入了名利缠身，陷入你争我夺的境地时，快乐从何而来？整天心事重重，做梦都半夜惊醒，老疑神疑鬼，阴翳不开，快乐又怎么会与你有缘呢？更有甚者，在名利的束缚下，个人无法尽情地自我发挥，背着名利的压力注定不能走远。而放空了名利心，才能摆脱各种烦恼的束缚，收获一份轻松和成功。

1998年的诺贝尔奖得主崔琦，在有些人眼里简直是“怪人”：远离政治，从不抛头露面，整日浸泡在书本中和实验室内，甚至在诺贝尔奖桂冠加顶的当天，他还和平常一样到实验室工作。更令人不敢置信的是，他处在美国高科技研究的前沿领域，却是一个地地道道的“电脑盲”。他研究中用到的仪器设计、图表制作，全靠他一笔一画完成，而要发电子邮件，也都是请秘书代劳。他的理论是：这世界变化太快了，我没有时间去追赶！

崔琦适时地放下了世人眼里炫目的东西，为自己赢得了大量宝贵的时间，也赢得了至高无上的荣誉。

其实，人生在世，有所得必有所失，只有学会适时放下，才有可能登上人生的顶峰。人的一生很短暂，有限的精力不可能顾及方方面面，而世界上又有那么多炫目的精彩，这时候，适时放下就成了一种大智慧。适时放下其实是为了得到真正应该得到的。能得到你真正最应该得到的，放弃一些对你而言并不必需的“精彩”，又有什么不可以呢？

世界上第一个不使用氧气登上珠穆朗玛峰的人，当他下山后别人问他成功的秘密时，他郑重其事地说：“这没什么秘密，我知道大脑是一个重要的氧气源。科学家告诉我们，各种思想在大脑中相互撞击时要消耗我们吸入全部氧气的40%，所以，为了减少对氧气的消耗，我只有向前这个念头，至于其他的任何想法我都把它们从脑子里抛掉，这样我才走到了顶峰。”

没有任何杂念，登山者就等于放下一个背在身上的巨大包袱，轻松地向前。这就是他成功的全部秘密。

在人生的路上，适时地放下是一种超然，更是一种智慧。因为放下不等于失去，放下的越多，越能拥有更多。当你手中抓住一件东西时，你只能拥有这一件东西；若你对一件事情肯放手时，你就会有更多的选择机会。所以，在人生的旅途中，必须学会适时放下。

1. 适时放下烦恼，每天练习微笑

这不是机械地挪动你的面部肌肉，而是以此带动你心态的改变，调节你的心情。学会平静地接受现实，学会对自己说声顺其自然，学会淡定地面对厄运，学会积极地看待人生。如此，阳光就会在心里灼灼闪耀，赶走恐惧，驱走黑暗，消除所有不如意的阴霾。

2. 适时放下自卑，相信真我的潜能量

不是每个人都可以成为伟人，但每个人都可以修炼为内心强大的人。内心的强大，能够稀释一切痛苦和哀愁；内心的强大，能够弥补外部条件的不足和欠缺；内心的强大，能够让你勇敢地、无所畏惧地走在成功大道上，让你的思想，高过所有的建筑和山峰！相信自己，找准自己的位置，你也可以实现自己人生的不凡价值。

3. 适时放下懒惰，勤奋进取

不要一味地羡慕人家的绝活与绝招，通过恒久的努力，你也完全可以拥有。因为，把一个简单的动作练到出神入化，就是绝招；把一件平凡的

小事做到炉火纯青，就是绝活。提醒自己，记住自己的提醒，你的上进，你的快乐，你的健康，你的善良，一定会让你拥有一个灿烂的人生。

4. 适时放下消极，做更好的自己

如果你想成为一个成功的人，那么，请为“最好的自己”加油吧，让积极打败消极，让高尚打败鄙陋，让真诚打败虚伪，让宽容打败褊狭，让快乐打败忧郁，让勤奋打败懒惰，让坚强打败脆弱，让伟大打败猥琐……只要你愿意，你完全可以一辈子都做最好的自己。没有任何力量能够决定你人生的成败，除了你自己。赢了自己的战争，你就是运筹帷幄的不败将军！虽然所有的梦想未必都能成为美好的现实，但美丽的梦想却可以装点出生活的美好。

5. 适时放下抱怨，不懈努力

所有的失败都是成功的基石。抱怨和泄气，只能阻碍成功向自己走来的步伐。放下抱怨，心平气和地接受失败，无疑是智者的姿态。抱怨无法改变现状，拼搏才能带来希望。真的金子，只要自己不把自己埋没，只要一心想着闪光，就总有闪光的那一天。纵观古今中外，很多人生的奇迹，都是那些最初拿了一手坏牌的人创造的。

6. 适时放下犹豫，立即行动

认准了的事情，就不要优柔寡断；选准了一个方向，就只管上路，不要回头。机遇就像闪电，只有快速果断才能将它捕获。

立即行动是所有成功人士共同的特质。如果你有什么好的想法，那就立即行动吧；如果你遇到了一个好的机遇，那就立即抓住吧。立即行动，成功无限！

有些人是必须忘记的，有些事是用来反省的，有些东西是不能不清理的。该放手时就放手，你才可以腾出手来，抓住原本属于你的快乐和幸福！有些事情是不能等待的，一时的犹豫，留下的将是永远的遗憾！

7. 适时放下狭隘，心底无私天地宽

宽厚是一种美德。宽厚地对待别人，其实也是给自己的心灵让路。只有在宽厚的有爱心的世界里，人们才能奏出和谐的生命之歌！要想没有偏见，就要创造一个宽厚的社会。要想根除偏见，就要首先根除狭隘的思想。只有远离偏见，才有人与内心的和谐，人与人的和谐，人与社会的和谐。

放下狭隘，还意味着我们要善于分享。不但要自己快乐，还要把自己的快乐分享给朋友、家人甚至素不相识的陌生人。因为分享快乐本身就是一种快乐，一种更高境界的快乐。

我们还要适时放下压力，以活得更轻松；适时放下得不到和已失去的，以活得更幸福。适时放下心中的杂念，以使心灵自由自在地翱翔……

适时放下才能拥有快乐，然而真正做到却非易事。它至少需要两个条件：一是心胸要豁达，能有一颗善解人意的心，能放得下；二是要有高尚的精神追求，不为名利所累，不去强求不可能之事。能否适时放下，是一个在生活实践中不断学习修养的长期过程。

成大事者不会计较一时的得失，他们都懂得适时放下的必要性，懂得适时放下些什么以及如何放下。适时放下，可以让你轻装前进；适时放下，可以让你摆脱烦恼和纠缠，使整个身心都沉浸在轻松悠闲的宁静之中。适时放下，还会改善你的形象，使你变得豁达优雅；适时放下会使你赢得众人的信赖；适时放下会使你变得更加精明，更加能干，更有力量。

学会适时放下吧！凡是次要的、枝节的、多余的，该放下的都要放下。拿得起，实为可贵；放得下，才是处世之真谛。只有你懂得适时放下，才能把握最重要的东西，让自己的潜质得到最充分的发挥，人生也才会变得丰厚起来，快乐从此才不会离开。

杨安谈无明

☆ 该拿当拿，该放当放。能拿能放，处处阳光。

☆ 心灵放平，一切都会风平浪静；心灵放正，一切都会一帆风顺。
☆ 幸福快乐会在放下的那一刻产生。

我们总是满怀信心与希望地把自我逼入困境

自信和希望是一个人成功的前提条件，没有自信和希望，人就没有前进的动力。然而，万事万物时刻处于变化中，如果不能够随时保持理性和更全面的认知，我们就会因不能纵观全局形势和变化而使自己判断失误。于是，满怀自信和希望的我们，就这样常常将自我逼入了困境。

心理学研究表明，这种过度的自信和希望是人们普遍存在的一种心理现象。

心理学研究者罗斯和安德森在1982年作了这样一个实验：

他们要求被试者先分析两个具体事例，然后询问他们：喜欢冒险的消防员是合格的人，还是不合格的人？其中一组人认为喜欢冒险的消防员是合格的人，而另一组则持相反的观点。

在各组被试者形成自己的观点之后，他们又被要求写下自己这样判断的理由。

实验结果表明，当形成一种判断之后，它会独立于最初推论出它的信息而存在。两组被试者在得出自己的结论之后，被告知原先给定的事例是凭空捏造的。

即便如此，各组中仍然有75%的人坚持自己得出的结论，即认为喜欢冒险的消防员是合格的人，或者认为喜欢冒险的消防员是不合格的人。

实验结果表明，一旦人们为某种错误的判断建立了理论基础，就很难再让他们否定这一错误判断。这种现象即是心理学上的信念固着。它认为，人的信念可以独立于客观事物而存在。即使当支撑它的证据被否定时，信念仍然会留存下来。

因此，虽然自信和希望能够帮助我们更加积极地面对生活，但是，过度的满怀自信和希望则极有可能导致信念固着。如果一个人听不进别人的劝诫，一味沉浸于自我建造的错误信念中，结果只会在错误的道路上越走越远，将自己逼入困境。

有位将军领兵作战二十余年而战无不胜。他熟读《孙子兵法》和《六韬》，对历代阵法也颇有研究，打起仗来更是英勇无敌，的确是一个不可多得的勇将，常令敌人闻风丧胆。所以，他很受皇帝的器重，掌握着全国的兵权，成为“一人之下，万人之上”的重要人物。

这位将军手下有个谋士，此人足智多谋，从将军带兵打仗时，便跟随他左右，为他出谋划策。将军和这位谋士亲如兄弟，不分彼此。

有一天，将军接到圣旨，说邻国敌军来犯边境，命令将军立刻带兵迎敌。将军接旨后不敢怠慢，立即点齐兵马准备出发，谋士自然跟随前往。

两军对垒，将军连胜数战，把来犯的敌军打得落花流水、抱头鼠窜。皇帝闻知这个消息后，特意派人送给将军黄金千两以示嘉奖。

将军高兴得合不拢嘴，拉着谋士说今晚要一醉方休！但出乎将军意料的是，谋士并没有显现出高兴的神情，反而是一脸的愁容。

谋士沉思了片刻，对将军说：“你不觉得这场仗打得很蹊跷吗？原来我们和敌军交战时，有过这样轻松取胜的记录吗？从来没有过。敌军既然来犯，理应来势汹汹。可是，我感觉他们好像全都无心应战似的，这很不正常。我认为，今夜他们一定会来偷营劫寨，我们还是小心些好呀。”

将军心里甚是不快，但是看在谋士一直为自己出谋划策的份上，没有反对，于是在晚上下令军士们轮流值班，不可懈怠。一个漫长的不眠之夜就这样平安度过了，什么事都没有发生。将军的脸色由红变白，由白变灰，最后铁青着脸看着谋士，一句话都没有说。

次夜，将军又提议饮酒，谋士依然把他拦住，诚心诚意地对将军说："古语云'兵不厌诈'，我们还是小心些好，不如我们轮班站岗，这样将士们可以保证充足的睡眠，还能防患于未然。"这回将军没好气地说："你真是太多虑了，你要是想守夜，你自己去守吧。"说完，将军就命令手下备上酒席，全体将士晚上来个一醉方休！

谋士还想再劝，将军挥了挥手，让他退下去了。谋士摇摇头，带着为数不多的几个士兵去看守营寨。

半夜时分，敌军果然来了，以迅雷不及掩耳之势夺取了将军的大营，大部分将士还在沉睡中便丧失了性命，谋士终因寡不敌众而战死。

将军抚着谋士的尸体悔恨交加，最后拔出剑自刎了。

法国思想家卢梭曾经说过一句名言：人之所以犯错误，不是因为他们不懂，而是因为他们自以为什么都懂。在工作和生活中，每每看见许多人在面对日新月异的情况时，自以为什么都懂，自己的思维意识成为一个闭环系统，听不进去别人的意见，顽固地坚持己见，使自己陷入难堪的困境。

实际上，每个人面对新形势、新情况时都必须紧跟变化，不断地学习研究，自我充电，随时根据自己所处的位置、所在的时间和空间，灵活地调整自己，采取最恰当的应对措施，才是上策。否则，很容易被时代的浪潮所淹没，随时可能在一帆风顺的时候，突然陷入困境而茫然不知其所以然，从而一蹶不振。

当 IBM 公司统领整个计算机主机行业时，它几乎是所有人眼中的"王者"，包括 IBM 公司的成员。于是渐渐形成了，IBM 的战略就是成功的战略，IBM 的决策就是正确的决策的观点。

在原有领域所取得的"辉煌战绩"显然使 IBM 认为，可以随心所欲地进入任何新的领域，于是在决策中选择了迈向多元化延伸的道路。然而，决策者大概遗忘最初的 IBM 是由于正确的战略而成功，并不是由于成功而去制定相关战略。最终的结果是，在已有成功模式指引下的战略彻底失败。

继 IBM 公司之后，通用汽车公司就是这类成功的大公司，由于过度的满怀自信和希望而导致决策错误的又一个典范。通用汽车公司已经花费过多的精力，为过多的市场提供过多不同价位的产品和服务，它无法再专注经营，并与公司客观的发展战略及目标渐行渐远。

IBM 庆幸的是及时作出了战略调整，它舍弃了难以为继的庞大而冗杂的业务领域，全心地扮演计算机服务商的新角色。通用汽车公司却付出了“成功的代价”，陷入不得不破产重组的危机之中。

可以看出，IBM 公司、通用汽车公司失败的战略都是由于过度的满怀自信和希望去依赖“大企业”的能力。纵观其他企业，如西尔斯百货、巨人集团、健力宝集团，以及微软等，其错误性的决策也大都源于过度自信的心理。

对此，心理学研究表明，在决策中，过度的自信是最为普遍的心理问题之一，它所带来的潜在破坏性也是最大的。

在曾经轰动一时的美国泰坦尼克号轮船的沉没事件中，过度自信扮演了重要的角色。决策者一致认为如此豪华精致的渡轮遭遇风险的几率估计是十万分之一，但事实证明任何微小的细节隐患都可以引发巨大的灾难。

决策者在处理迫在眉睫的麻烦时，常会因过度自信，而不愿意承认所在行业或企业面临任何真正的危险。当危险真正来临，他们又会陷入另一种由不自觉的成功所导致的行为陷阱，于是失败便成为一种必然。

过度自信的危害性是显而易见的，我们在前文已提到，为了防止或治理这种危害，我们必须找出过度自信产生的原因。

过度自信的产生主要包括认知因素和生理因素两方面的原因。

1. 认知因素

（1）控制错觉

心理学研究表明，当人们积极地参与了某件事情，并认为该事件处于他们的控制之下时，他们就很容易高估事件的结果。

（2）可获得性

现实中，人们往往认为常见的事情比不常见的事情容易发生，由此推断前者发生的概率大于后者发生的概率，这样，在以常见的事情为基础预测未来某事件发生的可能性时，他们往往会高估常见的事情发生的概率，而低估不常见的事情发生的概率。

（3）锚定

人们在进行判断时，往往会找一个参考点，然后以此为基础在一定的置信区间内进行调整，不同的参考点会带来不同的结果。例如，我们经常用上期的销售量作为参考点来估计下期的销售量，从而防止估计偏差过大。正是因为这种锚定效应，使得人们的判断往往会偏离实际情况。这也是产生过度自信的原因之一。

（4）验证性偏差

当人们进行决策时，往往会倾向于寻找支持其观点的证据，而不愿意碰到反面证据。当正面证据的强度较大时，就会产生过度自信。

（5）事后聪明

人们往往认为世界很容易预测，从而产生过度自信。

（6）归因偏差

很多领导者并不是一开始就表现得过度乐观、过度自信，但是，在经历了一些成功之后，他们会把成功的原因归于自己的能力等主观因素，而不是外部的环境、运气等，这种归因上的偏差增加了过度自信偏差产生的可能性。

2. 生理因素

人们发现，除了心理因素之外，生理方面的因素也会导致过度自信。例如，当人们因为生活或事业上的成功而陶醉或兴奋时，往往会产生过度自信心理；还有可卡因、酒精之类的药物也能使人们产生过度自信。

美国学者认为，人们往往将自己的成功归因于自己的能力，从而倾向于高估自己的能力，进而造成过度自信，所以，人们越是成功，就会越自信。也就越容易因过度的满怀信心和希望，而做出错误的决策，将自己逼入绝境。

显然，我们在作决策的时候，千万不可过度的满怀自信和希望，而要高度谨慎，把握“适度”原则。

（1）谨慎比自信更重要

只是听取一种意见而作出的决策，肯定不能融会不同的意见。真正有价值的决策方案是不同意见的综合体，最起码能代表大多数人的不同意见。

所以说，一个人在作决策的时候需要的不仅仅是自信，还有比平时百倍而过之的谨慎！

（2）没有人能够知道所有的事情

一定程度的自信是必需的，但是，在制定决策时，应该遵循谨慎为重的原则，那么，如何才能防止过于过度的自信呢？首先，要更新自己的观念，承认一个事实：没有人能够知道所有的事情。即承认事实上还有许多自己不了解的东西，然后主动去搜集、了解它们，创造出一个清楚无误的决策方案。

为决策作出一个明白的方案，是防止人们在判断上过于自信的一支解毒剂。仔细地界定问题通常有助于你去了解困难的所在；仔细列出决策所需要的情报，是更进一步抵抗过于自信的武器。如此做后，能让我们对附和性的事实证据所具的天生偏差态度有所认知。

另外，还要训练有素地去找寻与你的意见可能相左的资料。在你花精力去找而一无所获时，你才有理由充满自信。归根结底，要避免过于自信就必须对你所知与未知部分都要具有很好的了解。

（3）掌握“适度”原则

防止过于自信，需要人们在收集情报或作决策之际，以务实的态度来审慎思考问题。考虑所可能有的选择，列明其幅度范围或可能性，权衡其可能性——好处与坏处都要包括在内。但在执行决策阶段，要只想向前冲，使尽全力以求成功。说服其他人各就各位，狂热地投入到工作中。当人们能以这种方式将过度自信导入正轨为己所用时，那他就已把它掌握好了。

人需要自信，而不需要过度的满怀自信和希望，这是一种优秀品格，也是把握适度原则的核心本质。

任何一个人，对于自然界和社会的认识都是相对的、局部的、有限的，都不可能是全部的。所以，我们不可过度地满怀信心和希望，而要通过不断学习，不断提高自己的素养和能力，让自己成为一个开放的系统，对于一切有益的、先进的经验和知识，兼收并蓄，才能不断适应变化的局势，才能根据局势采取最恰当的举措，才能不断与时俱进，使自己立于不败之地。

杨安谈无明

☆ 时时不忘检视自己的德行，有错，敏捷勇敢地更改，成功自然会来。

☆ 自尊、自知、自制，只有这三者才能把自己引向幸福自由的王国。

☆ 自省是一面镜子，能清楚地照出我们的错误，使我们更加完善和强大。

我们得到的永远没有失去的多

在罗州的山里面，栖息着许多孔雀。它们通常是几十只搭伴生活在一起，成群结队地飞翔。雌孔雀的尾巴比较短，也不像雄孔雀尾巴那样漂亮、会呈现出耀眼的金色和翠色。雄孔雀的尾巴虽然漂亮，但生长得非常缓慢，一般是在出生后三年，才长出短小的尾巴，经过五年才长成绚丽的尾屏。而且，它们的尾屏并非永远保持美丽，只是在春天才长出漂亮的羽毛，仅过三四个月又衰败、枯萎了。它们的尾屏几乎同山里的花朵一起开放、凋零。

可能正因为这样，雄孔雀都很珍爱自己的尾巴，并且十分嫉妒其他孔雀的尾巴。它们要在山中栖息时，总是先选择好置放尾巴的地方，然后才放心地休憩。

而那些要捕获活孔雀的南方人，他们熟知孔雀的这种习性，大都在下暴雨的时候，来到森林里，找到孔雀休息的地方。因为这个时候。孔雀不会飞走，不是它们不能飞，而是它们的尾巴又湿又重，孔雀担心飞翔起来会拖脏或者拽坏，于是就乖乖地趴在地上。即使捕捉它的人走到近前，它也绝不肯飞翔起来逃跑，它固然害怕被捕捉，但为了美丽的尾巴不受伤害，它却宁肯被人们捉住。

生活中，也有一些人像孔雀一样，放不下手中的职务、待遇，放不下诱人的钱财，放不下对权力的占有欲……他们被各种诱惑弄得精疲力竭，什么都追求多、大、好，总是希望得到而害怕失去。他们都犯了与孔雀一样的错误——因为贪恋金钱，失去了纯真的情感；因为贪图享受，失去了成功的事业；因为乞求利禄，失去了对真理的追求；因为企望虚荣，失去了永远的欣赏……客观规律就是这样铁面无情，如此不容置疑，也无法违背：选择了一个，就意味着放弃了这一个之外的其他事物。因此，无论怎样的选择，我们必须面对一个现实：我们得到的永远没有失去的多。

要知道，有时候失去也是一件幸事。如果我们一味贪求，只能任由欲求牵着鼻子走，甚至在诱惑的旋涡中丧生。如果我们从容地面对得失，懂得积极的选择、珍惜与主动的放弃，才能走在更正确的道路上，拥有更多的幸福快乐。

很久以前，有位年轻人和他的舅舅结伴到各地做买卖。

他们来到一个国家，遇到一条大河。

舅舅先渡过河去，看看对岸的情形。他沿着河岸走了不远，看到一间小茅屋，走近一看，屋里有一个寡妇，还有一个小女孩。

母女两人看到一个商人走进来。

女孩对妈妈说："妈！咱们后屋里还有一只大盘子很多年没用了，不管值多少钱，卖了比搁在那儿好。最好能换一颗洁白的珍珠，我真想要这样一颗珍珠！"

母亲想想也对，便走进后屋，从一堆没有用的破烂杂物中，翻出一只没有用的盘子，拿过来给商人看。

商人轻轻刮了一下，立刻发现盘子是金的，真是无价之宝。但他并不想让这对母女得到这么多钱，就假装很鄙视的样子，把盘子往地下一摔，轻蔑地说："我以为是什么宝贝东西呢！别让这不值钱的破铜烂铁，弄脏了我的手！"随后就走了。

接着，那个年轻人也过了河，正好沿着这个方向来找他的舅舅。

女孩见又来了一个商人，再向妈妈提出换珍珠的事。

妈妈知道女儿的心愿，可是她又不愿意再碰到像刚才那种令人尴尬的场面。

她轻声对女儿说："刚才那事叫人多难堪哪！还是算了，别换了。"女儿却不同意地说："他们不一样啊！您看这个年轻人的相貌，和善又正直，完全不像刚才那个人一副贪婪的样子。"

她不听母亲的劝阻，又将盘子拿给年轻人看。

年轻人一看，告诉她们说："这只盘子太值钱啦！这是用非常贵重的紫磨金制成的。我要拿我所有的货物和您换，行不行？"母亲很高兴地说："当然好啦！"

年轻人连忙找到舅舅，借了两枚金币，雇人把货物运过河来。

舅舅一听外甥要换这只名贵的盘子，就趁外甥去河对岸运货时，赶快到寡妇家，装作很大方的样子说："其实您这只盘子不值什么钱，不过。看来你们的生活也不富裕，我就拿几颗珍珠和您换吧！我亏点就亏点吧，谁让我是个好心眼的人呢？"

那寡妇已经看透他这套把戏，气愤地说：“好啊，你又来了！告诉你，我的盘子已经和一个好心的年轻人讲好了，他拿他所有的货物和我交换。你想拿几颗不值钱的珍珠就换走我的盘子？哪有这么便宜的事！你这个贪财、奸诈的骗子！吃我几杖再走！”

舅舅见苗头不对，赶快逃出来，一口气跑到河边，气得捶胸顿足地叫道：“给我那只宝贝盘子！”由于悔恨交加，一气之下竟吐血而死。

当他的外甥来找他还那两枚金币时，他已经断了气。

一位路过的禅师了解了事情的缘由后，说：“这位施主因为太贪钱，而失去自己的性命，实在是不值得啊！”

在欧洲，有一首流传很广的民谚：为了得到一根铁钉，我们失去了一块马蹄铁；为了得到一块马蹄铁，我们失去了一匹骏马；为了得到一匹骏马，我们失去了一名骑手；为了得到一名骑手，我们失去了一场战争的胜利。

世上的事往往都是相辅相成的，拥有之中便有失去，缺乏当中又自有获取，而得到的永远没有失去的多。就像俗话说的那样：“醒着有得有失，睡下有失有得。”不管是哪一种生活，都有它的得与失，而人生或许就是因为有了变化无常才会变得更加美丽。所以我们必须正视得与失，得到的时候要懂得珍惜，失去的时候也不必太过忧虑。懂得生活的人能够淡然看待失去，反而往往能够得到更多。一个人如果始终在患得患失的旋涡里打转，最后只能白白耗费自己的人生，以致一无所成。

为此，我们就要保持良好的心态：

1. 知足常乐

其实生活不会亏待每一个认真的人。我们每一个人都要学会比较，通过比较得到良好的心境。这不是要我们和别人攀比，而是自己和自己比，把自己的今天和昨天比，让自己感受到进步的喜悦。只要认真生活的人都会在自己的人生经历中看到令人愉悦的闪光点。看着自己一天比一天过得好，过得开心，还有什么不满足的呢？

2. 活出自己

人生一世，不求利，不求名，只求有个真实的自己。坚持走自己的路，就不会被患得患失的心态所困扰。每个人的一生都不可能没有忧愁，但是我们不能以一种患得患失的心态给自己无端地平添更多的忧愁。认真地走自己的路，不管别人如何评说，我们的人生都会充实、快乐、潇洒而充满活力。

3. 淡泊名利

古人云："淡泊以明志。"养生首养心，养心便要淡泊名利。人生苦短，功名利禄犹如过眼烟云。人不可缺乏进取心和奋斗精神，但我们追求的是一种健康的生活状态，而不是被铜臭左右着的人生。

人生免不了有种种得失，不能看清得失之道的人，就如在痛苦与无聊、欲望与失望之间摇晃的钟摆，永远没有真正满足、真正幸福的一天。

因此，当我们在被得失扰乱心神时，当我们不知道如何取舍时，一定要保持清醒的头脑，不能被利益冲昏头脑，不能被世俗的纷乱与复杂迷惑。我们需要把人生当成一种得与失的循环，以一颗平常心去看待得失，保持理性的视线，保持真我的心性。这样，我们才会得之不狂喜，失之不痛心，在得与失的轮回中悟出生命的玄机，拥有精神上的恬淡和轻松，书写人生的快乐和绚丽。

杨安谈无明

☆ 提起万斤重，放下一两轻。

☆ 严厉的自我克制本身，就是一种高雅的精神寄托。

☆ 放下该放的，才能得到真正该得的。

如一滴水般融入到生命的海洋

“一滴水怎样才能不干涸?”佛教创始人释迦牟尼这样问他的弟子。

孤零零地一滴水。论分量只能以毫克计，体积也微乎其微，风能吹干它，阳光能晒干它，其寿命能有几何?——弟子们回答不出来。

释迦牟尼说：“把它放到大海里去。”

一滴水的寿命是短暂的，但当它汇入大海里，与浩瀚的大海融为一体的时候，它就获得了新的生命。大海永远不干涸，它也就永远存在于大海的躯体中。

一个人再完美，也不过是一滴水；而一个优秀的团队，则像大海。这个观点已经被越来越多的人所认可。对于一个国家来说，一个人的强大并不叫强大；对于一个家庭来说，一个人的幸福并不是真正的幸福；对于一个团队来说，一个人的成功也不是真正的成功，只有团队的成功才是最大的成功。因此，人要如一滴水融入海洋般，把自己融入集体、团队中，才能实现人生的价值。如果你总是计较个人的得失，那么就很难被集体或团队接受，必然得不到来自他人的帮助，享受不到集体的温暖，也会使自己的生命力大打折扣。

有这样一个故事：狮子看见草原上有一群牛，很是眼馋。但是由于所有的牛都聚在一起吃草、饮水，狮子不敢贸然行动。因为狮子深知自己无力对付整个牛群，最多只是落个两败俱伤，还是不能得到美食，但它知道如果只让他对付一头牛的话，那将不费吹灰之力。于是，它开始靠近牛群，但牛群马上警觉地围成一群，令狮子不敢再往前走了。但狮子并未因此放弃，它一次又一次地尝试着，逐渐地使牛

群习以为常放松警惕。

终于，狮子有机会靠近一头牛了。等一头牛离牛群足够远的时候，狮子便原形毕露，牛想要反抗，却无奈终不是狮子的对手，最终狮子轻易地将牛咬死，美美地享受这顿饱餐。就这样，每过一段时间狮子就会吃掉一头牛，并最终把整个牛群的牛都吃完了。可惜的是，这个牛群里所有的牛到死都没明白，狮子是怎么对它们下手的。

其实，整个牛群团结起来的力量是一头狮子的力量远不可及的，从牛群刚一围起来狮子就不肯靠近便可得知。当整个牛群放松警惕时，这个牛群便注定要成为那头狮子的午餐了。因为一头牛是难以与一头狮子抗衡的，牛群的优势便是充分发挥团队精神，以团队之力抵御狮子，可惜它们把这唯一的筹码都丢掉了，而狮子却早早地发现了这一点，并顺理成章地成了最后的胜利者。

在动物中，团队精神都显得如此重要，重要到关系生死存亡的地步。其实，深究下来，团队精神何尝不关系到我们的生存？鲁宾逊漂流到荒岛，最终还是要回归社会。我们人类的生活也离不开群体的协作。如果你不懂得融入团队去合作，最后的结果就是你会成为一匹被吞食的牛。

阿里巴巴的马云在成为互联网的领军人物之前，对电脑一窍不通。但他特别善于利用团队优势，最终干出了一番大业。马云说过，自己最欣赏的就是唐僧师徒团队。“唐僧是一个好领导，他知道孙悟空要管紧，所以学会念紧箍咒；猪八戒小毛病多，但不会犯大错，偶尔批评批评就可以；沙僧则需要经常鼓励一番。这样，一个明星团队就成形了。”在马云看来，“一个企业里不能全是孙悟空，也不能都是猪八戒，更不能都是沙僧，要是公司的员工都像我这么能说，而且光说不干活，会非常可怕的。我不懂电脑，销售也不在行，但是公司里有人懂就行了。”

探索宇宙新奥秘需要天文学家、物理学家和电脑程序编写专家的合作；微生物学家、肿瘤学家和化学家的团队揭开了神秘的癌症之谜；诺贝尔奖越来越频繁地授予某个团队；学术论文是由多个研究者合写的。所以说，在工作中体现整体目标是非常重要的，因为只有这样才能保持各个部分之间的协同，才能使团体效率最大化。

在雅虎北京公司的面试中，曾经有一道开放式面试程序。这道程序采用座谈会的方式，考官首先在数以千计的简历中初步筛选出符合条件的人，在面试时，每位应聘者一份考题，题目包含自我介绍、对雅虎公司的了解、如果被选中将如何面对以后的工作等。并给应聘者一定时间做准备，要求应聘者用英文在规定时间内回答考题中所包含的内容。在每位应聘者上台演讲时，其他应聘者则给他打分，最后主考官将打分情况进行整理并排出先后次序以决定最后录用谁。

可以说，掌握应聘者的“生杀大权”的并不是主考官，而是他们的竞争对手，这种面试的目的在于能够发现应聘者是否合群，是否善于和他人沟通，也就是说，你需要赢得所有应聘者的好感。因为其中也有你未来的同事。这里考察的就是应聘者的团队精神。

团队精神有两层含义：一是与别人沟通、交流的能力；二是与人合作的能力。如果把团结互助比作一座大厦的话，那与别人沟通、交流的能力就是构建这座大厦的砖瓦了，自然地，与人合作的能力就是黏合砖瓦的水泥，没有了它，添再多的砖瓦也只是徒劳的堆砌，终归会倒塌。

IBM资源部经理李清平曾说过这么一句话：“团队精神能够反映一个人的素质，一个人的能力，如果团队精神不行，IBM公司也不会要这样的人。”

SCI公司人力资源部经理曹光荣也说过：“SCI公司生产世界上最先进的计算机，但世界上有一种仪器比计算机更精密，也更具有创造力，那就是人的身体。团队精神就好比人身体的每个部位，一起合作去完成一个动作。”

对公司来讲，团队精神就是每个人各就各位，通力合作。我们公司的每一个奖励活动或者我们的业绩评估，都是把个人能力和团队精神作为两个最主要的评估标准。如果一个人的能力非常好，而他却不具备团队精神，那么我们宁可选择放弃他。

团队精神事实上所反映的就是一个人与别人合作的精神和能力。

现代化的公司都非常注重成员的团队精神。很多公司认为，团队成员的团队合作精神是所有技能中最为重要的一种，如果每一位团队成员都具备团队合作精神，企业不仅可以在短期内取得较大的效益，而且从长远来说也十分有利于企业的发展。

团队合作精神对于企业的推动作用已经在许多公司中得到了充分的证实。沃尔玛、丰田、通用食品是最早推崇团队精神的企业，对团队精神的关注使它们得以在很短的时间内迅速壮大，实现了企业整体绩效的提升，而且使企业具备了永续发展的能力。此后，惠普、摩托罗拉、苹果等企业也纷纷将团队精神置于重要地位，并取得了显著的效果。微软 Windows2000 的推出就是一个典型的例子。这一视窗系统有很多名软件工程师参与编程开发和测试，如果没有高度统一的团队精神，没有全部参与者的分工合作，这项工程是根本不可能完成的。现在，团队精神已成为企业最为重要的价值观和理念，并将其作为了员工晋升的重要指标。事实正是如此，那些立足本职、具有团队精神、善于融入团队合作的人往往更容易获得成功的机会。

因此，聪明的人不仅应懂得如何将自己如一滴水般融入团队生命的海洋，使一己之力淋漓尽致地发挥于企业中，获得长久的生命力和成就，更应该培养自己良好的团队精神。

1. 学会欣赏他人

及时调整自己的心态，每个人都有自己的优缺点，尝试去欣赏别人的长处，学会多角度看人。欣赏别人的优点，赞美别人的长处，在欣赏别人的同时也尽量展现自己。你会发现这样能更好地融入团队，而你的心情也会更愉悦，你的人生也会进入一种更新、更美的境界。

2. 保持个人的特点和优势

团队精神并不是要抹杀个性去完成同一件事，而是需要我们在求同的条件下存异，发挥自我去做好一件事。团队精神的形成，其基础是尊重个人的兴趣和成就。企业设置不同的岗位，选拔不同的人才，给予不同的待遇、培养和肯定，为的就是让每一个成员都拥有特长，都表现特长。因为团体是由个人组成的，失去了个性的团体将变得毫无活力。

3. 学会协同合作

只有更好地沟通、交流，才能掌握更多的信息，也才能更好地了解自己在整个过程中所处的环节，并能更顺利地实现相互的有效配合，不至于造成重复工作，导致人力资源的浪费。这样的分工合作才能使工作更协调，而效率也将随之大大提高。

4. 培养凝聚力

团队全体成员的向心力、凝聚力是从松散的个人集合走向团队的最重要的标志，也是将所有成员们各自分散的点滴之力整合成一股强有力的力量的关键。这源于全体成员共同的价值观。只有人人都自觉地做到以集体利益为主，才能时刻朝着共同的目标进发。总之，只有团队成员形成良好的团队精神，才能真正做到各司其职，各尽其力，各行其效，团队也才能获得长效的发展。

“一朵鲜花打扮不出美丽的春天，一个人先进总是单枪匹马，众人先进才能移山填海。”团队合作往往能激发出团体成员们不可思议的潜力，集体合作作出的成果也往往能超过成员个人业绩的总和。个人再有雄心壮志，再有聪明才智，也难以独自充分发挥。弃小我，为大我，是扩大生存范围的最佳途径，也是最睿智的人生选择。

只有当我们如滴水般融入海洋，与他人合作，才能取得更多的发展条件和机遇，才能更好地促进自身发展，进而创造事业的辉煌，人生的奇迹！

杨安谈无明

☆ 宽以容人，厚以载物。

☆ 不善合作，将会一败涂地；齐心协力，定能共享成功。

☆ 没有团结，就没有有质量的提高。

【第六章】

心若止水无涟漪，无始无明福乐长

人生最美妙的时光，是不为名利所累，不为繁华所诱，只有我们用心如止水的意念拭去外在形式的尘埃、抵制欲望横生的肆虐，只有我们用心如止水的境界摆脱功名利禄的羁绊，诠释志向的高远时，才能破除蒙蔽心智的无始无明，实现人生最美好的理想与价值。

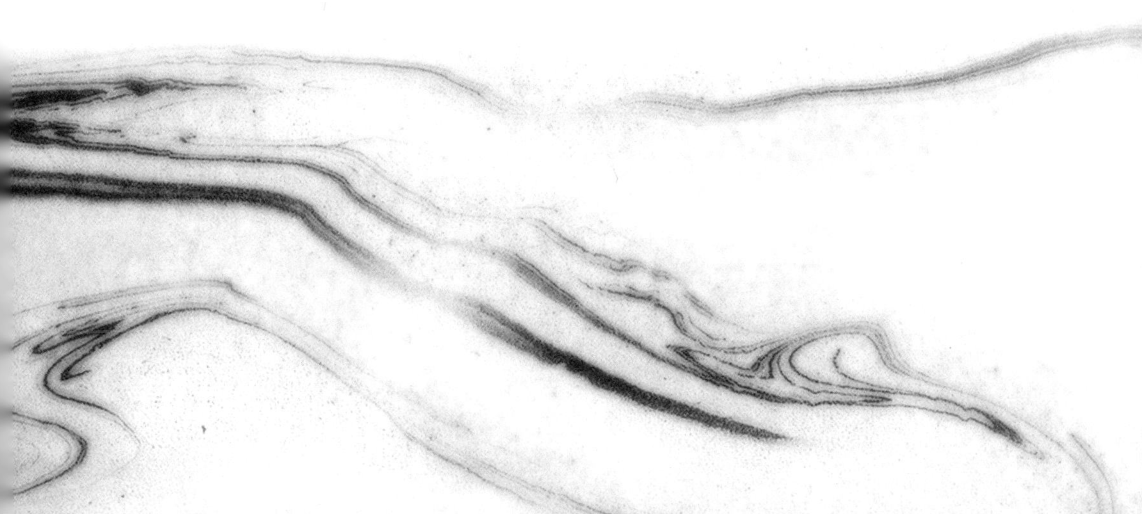

快乐不是情绪的反应，而是内心状态的稳定平衡

快乐代表着幸福愉悦的时光，代表着无忧无虑的生活，也代表着人生路上纳入行囊的美丽风景的收获。可是，对很多人来说，它就像烟花般可望而不可即，灿烂炫目却又转瞬即逝，常常只留下回忆与遗憾。其实，这些人并不是无法拥有快乐，而是错误地将情绪的反应当成了快乐，导致失去了正确的快乐坐标。真正的快乐来自于心态的稳定平衡，而不是情绪的反应。

情绪的反应是欲望层面的概念，是身体原始欲望和精神上得到的短暂的愉悦、刺激；它很短暂，根本不能持久。

误将情绪的反应当成快乐，只会使人短视，易被眼前利益的表象蒙住双眼，于是，只顾低头享受那片刻的短暂欢愉，却失去了前方远大的空间，陷入了庸人自扰的无边烦恼。

误将情绪的反应当成快乐，容易让人迷失在低层次欲望的追逐之中，使人在欲望中燃烧出短暂的激情，然后在困难之前、目标之中、激情过后产生更多的迷茫和更大的空洞。

误将情绪的反应当成快乐是危险的，君不见，多少人在这种误区里丧失理想，没有了进取心，一辈子都生活得浑浑噩噩、一事无成？君不见，多少人在这种误区里贪图安逸，从而被安逸腐蚀了斗志，麻痹了神经，瘫痪了自觉、自省能力？这样的人心灵空虚，精神空洞，毫无生命力；这样的人生是无趣的，也是可怕的。

有一个人死后，在去阎罗殿的路上，遇见一座金碧辉煌的宫殿。宫殿的主人请他留下来居住。这个人说："我在人世间辛辛苦苦地忙碌了一辈子，现在只想吃和睡，我讨厌工作。"

宫殿主人答道："若真是这样，那么世界上再也没有比这里更适合你居住的了。这里有山珍海味，你想吃什么就吃什么，不会有人来阻止你；这里有舒服的床铺，你想睡多久就睡多久，不会有人来打扰你。而且，我保证没有任何事情需要你做。"

于是，这个人就住了下来。在刚开始的一段日子里，这个人吃了睡，睡了吃，他感到非常快乐。渐渐地，他觉得有些寂寞和空虚了，便去见宫殿主人。他抱怨道："这种每天吃吃睡睡的日子，过久了也没有意思。我对这种生活已经提不起一点儿兴趣了。你能否为我找一个工作？"

宫殿的主人答道："对不起，我们这里从来就不曾有过工作。"

又过了几个月，这个人实在忍不住了，又去见宫殿的主人："这种日子我实在受不了了。如果你不给我工作，我宁愿去下地狱，也不要再待在这里了。"

宫殿的主人轻蔑地笑了："你认为这里是天堂吗？这儿本来就是地狱啊！"

这个故事带给我们深深的思考：物质享受给我们带来了好情绪，但是真正的快乐却并不是情绪的反应。它只根植于内心状态的土壤，只有在稳定、平衡、积极中才能获得长久的生命力。

1914年夏天的那不勒斯城充满了从未有过的快乐，著名的滑稽大师马可尼，用他精彩的表演使城里的每个人都几乎笑破了肚皮。然而就在这期间，心理医生让·肯特的诊所里却来了一位神情沮丧的病人。他说："大夫，我心里忧伤极了，多年来，我不愿见任何人，吃饭也没胃口，每晚入睡都靠镇静药的帮助。我怀疑我患了自闭症或其他什么心理疾病，我希望您能给我一些指导。"

让·肯特大夫听了来者的叙述，说："自从马可尼来这儿演出，我的诊所已经几天没有病人光顾了。我想，他们肯定是被马可尼逗得忘了病痛。现在马可尼还没有走，我建议您去看看他的演出，也许他会使您快乐起来。"

患者脸上掠过一丝尴尬，他望着让·肯特，无奈地说："大夫，我就是马可尼。"

马可尼是20世纪20年代奥地利极负盛名的喜剧表演大师，让·肯特则是意大利著名的心理医生。据说，这次会面，对两人的触动都很大，让·肯特关闭诊所去了法国，马可尼回到故乡后便渐渐淡出了舞台。

1957年，一位医生带领一个法国康复旅行团去奥地利访问旅行，在参观维也纳郊外的一座私人城堡时，他们得到了主人的热情接待。他虽已94岁高龄，但精神矍铄风趣幽默。他说，人是最笨的动物，各位客人来到这里如果打算向他"学习"，那就错了，应该向他家里的其他成员——巴迪、赖斯和莫莉学习。

"我的狗巴迪不管遭受如何惨痛的欺凌和虐待，都会很快把痛苦抛在脑后，热烈地享受眼前的生命，细嚼能找到的每一根骨头；我的猫赖斯从不为任何事发愁，它如果感到焦虑不安，即使是最轻微的情绪紧张，都会去睡一觉，让不愉快的感觉尽快消失；我的鸟儿莫莉最懂得忙里偷闲，即使树丛里有吃不完的东西，它也会经常停下来，站在枝头唱一会儿——各位朋友，它们会让你们不虚此行！不过，我要警告给你们带队的老家伙，不要再劝他的病人去看马可尼的演出了。"

他的话让在场的人都笑了起来。这座私人城堡的主人就是曾经名噪一时的喜剧大师马可尼，而那个带队的"老家伙"，就是著名的心理专家让·肯特医生。

1963年，马可尼去世，年已九旬的让·肯特写了一篇文章——《怀念我的朋友马可尼》。在文章里，他回顾了他们50年的友谊，并

且说，他之所以在心理学和大众医学研究方面能取得一点成就，完全得益于马可尼 1914 年的那次造访和 1957 年的那个忠告。

可以说，马可尼和让·肯特都是真正快乐的参悟者，他们的改变都源于参透了快乐的真谛并不是情绪反应，而是内在状态，而他们也因此获得了理想中的快乐人生。

所谓内在状态指的是人或事物表现出来的形态的内部心理特征。在科学技术中，它指物质系统的内在状况。也指各种聚集态的内部形态，如物质的固、液、气等态。

一个人的内在状态决定了他对很多行为和反应的选择。内在状态既是我们观点的过滤机制，同时又是通往特定记忆、能力、信念的大门。信念、价值观、能力等只有与我们的内在状态相联结，才能使我们获得力量。

对于人生来说，一个人的内在状态至关重要，内在状态的动荡失衡会破坏人的心理健康和生理健康，缩短人的寿命；反之，稳定平衡的内在状态不仅能够促进人的生理健康、延年益寿，而且还直接决定了人的心理健康，关乎工作、生活等各方面的和谐、幸福与成就。只有稳定平衡的内在状态才能带给人们真正的快乐。

在美国颇负盛名、人称传奇教练的伍登，在 12 年的全美篮球年赛当中，替加州大学洛杉矶分校赢得 10 次全国总冠军。如此辉煌的成绩，使伍登成为有史以来公认最称职的篮球教练之一。

曾经有记者问他："伍登教练，请问你是如何保持这种积极心态的?"

伍登愉快地回答："每天我在睡觉以前，都会提起精神告诉自己，我今天的表现非常好，而且明天的表现会更好。"

"就只有这么简短的一句话吗?"记者有些不敢相信。

伍登坚定地回答："简短的一句话？这句话我可是坚持了 20 年！重要的是这一点和简短与否没关系，关键是在于你有没有坚持去做，如果无法持之以恒就算是长篇大论也没有任何帮助。”

伍登内心的喜悦超乎常人，不单是对篮球的执着，其他的生活细节也不例外。例如，有一次他与朋友开车到市中心，面对拥挤的车流，朋友感到不满，继而频频抱怨。伍登却欣喜地说：“这真是个热闹的城市。”

朋友好奇地问：“为什么你的想法总是异于常人?”伍登回答说：“不管是悲还是喜，我的生活中永远都充满机会，这些机会的出现不会因为我的悲或喜而改变，只要不断地让自己保持喜悦，我就可以把握机会，激发更多的潜在力量。”

正如安东尼·罗宾所说的，所有的行为都是发自内在状态的结果，内在状态可能是动荡的、失衡的、受抑制的、情绪化的，也可能会是稳定的、平衡的、进取的、有为的。内在情绪化的反应会带来断裂、退缩的行为表达，也会相应地产生消极的行为后果；而稳定平衡的内在则会带来持续、积极的行为表达，自然也会产生快乐的行为后果。

一个人内心稳定平衡时，在面临难题时，会认真思考，作出自己的选择，而不是不动脑筋，安于现状；在遇到挑战时，从实际出发，求变创新，而不是浑浑噩噩，回避矛盾；在选取目标时，要具体明确而不是笼而统之，模糊不清。内心平静的人会勇敢地正视现实，负起责任，不管是愉快还是痛苦；不是否认、逃避现实，沉溺在幻想中。独立自主，积极行动；不是依赖别人，消极等待情况变化。冷静从容，能够控制自己的情感；不是急躁任性，感情用事。

因此，寄托于情绪的反应只能消耗人生，而内心的稳定平衡却能创造人生。沉迷于情绪的反应是失败的源泉，是生命的慢性杀手；而内心的稳定平衡是成功的出发点，是生命的阳光和雨露，让人的心灵成为一只快乐翱翔的雄鹰。

真正的快乐，说到底，只是内心状态的稳定平衡。所以，我们要时时学会拭去一切外在的物质形式的尘埃，沉心、静思。我们要常常尝试去抵制欲望横生的肆虐与焦躁，宁意、深情。开悟内心，解放内心，静享内心状态的蓬勃与丰富。如此，我们就能够保持稳定平衡的心理状态，成为自己的主人，以积极进取的精神发现生活之美，成就幸福、快乐、和谐的人生！

杨安谈无明

☆ 一个人有了内心的稳定平衡，就是在最艰苦的时候，也会感到幸福。

☆ 幸福的生活是一种由爱鼓舞，由知识指导的生活。

☆ 一位有着伟大志向并以自己的全部力量为之奋斗的人，是幸福的人。

用心看世界，用心体验生命的感动

记得一位得忧郁症的朋友曾说：“我们之所以常常不快乐，不是因为境遇不好，而是我们的生活中少了两个字——感动。”的确，我们的心不再敏感，我们不再用心收藏身边的一丝一毫的感动，只有当我们错过它，再回首时，才发现原来我们真的失去了很多。

感动是什么？一千个人有一千零一种答案。但，无论是谁，都无法对一个毫不用心的人说出感动究竟是什么。因为感动后的幸福，不是用嘴说出来的，而是用心品出来的。感动，如沁人心脾的甘泉，畅饮甘泉，我们的内心变得澄澈而明亮；感动，如熏人欲醉的海风，感受海风，我们的内心变得纯净而又空旷；感动，如令人心动的白雪，领略白雪，我们的内心变得安静而又平和。感动，是自然母亲赐予我们的神奇力量，是人类对自然永恒的情结。

感动是一种无法言说的美，那种以同样微妙的频率震动着每一个人心房的感觉，总能让我们在一瞬间泪流满面。而生命，作为一种无可比拟的奇迹，以一种泰然的姿态绽放于天地之间，以原始纯净的悸动搭建起爱的桥梁，以温暖融化了人与人的隔膜，以希望坚定了我们的信心。感动这一方碧绿的水草，感动这一片写满坚毅的土地，感动生命，这永恒的美丽！

感动就是以内在感情为首，旁及感受性、柔软性、纯朴、朝气欲求、热情、关心、行动力等，互相结合的一种能力。

有一颗感动心的人，他的神经触角必定很发达，企图心强烈、生命力洋溢，浑身散发着朝气，给人的感觉是积极的、向上的。他们碰到有趣的事物或听到有趣的话时，眼睛就立刻炯炯有神，气色也必然是非常欢愉。

更重要的是，感动的情绪和比邻而居的感受性、柔软性是创造性的基本条件，所以感动神经触角便很容易和创造神经触角相联结。在现实中，艺术家便是最典型的例子，他们经常因为感动而产生创作的念头。这也意味着，感动力强的人，他的创造力也较高。和这类人在一起的时候，心情会感到特别的愉快，气氛也会特别愉悦。

而在这个万物相关的宇宙体系中，如果对万物没有一颗感动的心，那么这个人肯定会如槁木死灰、事无成。因为一个无法对万物感动的人，他的愿望能源必然就很稀薄，生命力也很弱，让人感觉像是水面上的浮萍一般，果真如此的话，这也是很致命的，这样的性格通常对人、对事物都没有发自内心的热情和动力。

这样的人的生活也实在没乐趣可言，虽然形式上也会去旅行、参加宴会或是在公共场合与人交换名片，甚至参加健身俱乐部、网球俱乐部活动筋骨，可是无论哪一项举动对他而言，都不会有所感动。因为在他心中，上述的各种行为，只是到类似的场所做硬性资讯的收集而已。所以这样的人便不会有创造力，和他交往时你不可能觉得有趣，他也不认为你有什么特别之处，人和事物对他来讲都只是记忆中的一项资料而已。人与人之间的感情交流或对某件事物的热忱，在他的知觉里并不存在。

也许，有人会认为我们这个世界真的已经太老了，太多的苦难，太多

的冲击，让人心如海岸的礁石，礁石化成冷漠。于是热情消减，于是人类的所有激情与创造逐渐荒凉。可是，只要我们静下心来想一想，就会发现，并不是感动渐渐少了，而是心灵渐渐钝了。我们常常将太多的权力都交付给我们的眼睛。当它倦怠的时候，当它偏执的时候，当它惊惶的时候，它往往提供给我们一些错误的信息。它牵着我们走在一种令我们脆弱的心无法抗拒的非清醒感觉里。在它的主宰下，我们忽略了一路花香的感动，也淡忘了深情表达的感动，我们的心灵变得粗糙而麻木，爱的幸福和生命的充实就这样从我们的不用心中滑过、散落。

有一个白人，视黑人如寇仇。当他到商店买东西的时候，如果营业员是黑人，他就执意将钱币放在柜台上面，再让营业员从柜台上把钱拿走——他绝不让自己接触黑人那“肮脏”的手！后来，他失明了。在一家盲人休养院，他得到一个护理员的悉心照料，日子久了，他们成了无话不谈的知心朋友。一天，他拉着护理员的手，向他倾倒自己的一腔苦水：我可以学着用手去触摸一些东西，但是，我该怎样去区分白人和黑人呢？护理员平静地告诉他说，自己就是一个黑人。他听后半晌无言，却把那双手攥得更紧了。后来，他和一个黑人女子结了婚。他说：“我失去了视力，也失去了偏见，这是多么幸福的事！”

是的，在张开眼睫的同时，也不要忘记去张开心睫，这样，才能在尘埃之外永远葆有一份明鉴万物的清明，看到世界的精彩，触摸到生命的感动。

几年前，我到甘肃出差，当火车路过一个无名小镇的时候，因故临时停车，大概有十几分钟的时间。那时是夏季，在我感到又热又渴的时候，火车上的水停止供应了。这时，不知从哪里冒出来很多当地的老乡，提着暖瓶，在火车下面叫卖开水。

“开水，开水，五毛钱一杯”，顺着声音望去，一位佝偻、满头白发的老人，迈着颤巍巍的步子，努力地往我坐的车厢走来。看着他满脸的汗水，我招了招手，“大伯，给我一杯水。”说完，我把杯子和一张十元的钞票递给他，这时，火车突然开动了，我着急起来，大喊，“快点!”老人匆忙倒了开水，连同杯子和那张钞票想一起递给我，但是火车已经飞速开动，老人放下暖瓶，使劲追着开动的火车。望着他跑动的身躯，我害怕他跌倒，于是大声地喊道：“大伯，我不要了!”这时．他已追上我，把手里的杯子和钱努力地递给我，“拿……拿好!”接过杯子和钞票的一瞬间，我见到老人筋疲力尽地倒在路边，刹那间，我的眼泪止不住地流了下来。老人冲我挥了挥手，我分明看见，他那满是皱纹的脸上，绽开了做完一件大事的满足……

很多年过去了，我忘不了那个可敬的老人！在这物欲横流的社会里，我曾经被他感动过，并且一直在怀念着这种精神。我希望感动不是一件奢侈品，而是能够与我们生活相伴的常态。能够安好地生活在这颗碧蓝色的星球上，于我们，或是那千千万万的生命本身就是奇迹，就足以感动每一个人，让我们没有理由去忽视浪费每一天的宝贵光阴，让我们以生动而有力的方式感受生命，让我们的个体生命与世界达到默契、沟通。

格米出生在法国巴黎以北的贫民区，那里环境恶劣，犯罪率较高，格米的童年就是在那里度过的。

每当格米回忆起童年的那段往事时总是感慨万千，他有着一个艰辛的童年，也正是这种来自生活的磨砺，使格米从小就学会了自立，使他的性格变得异常坚强。

格米的父亲在他十几岁时因车祸去世了，格米从此和母亲相依为命，母亲一个人担起了养家糊口的重任，生活的困苦让他们饱尝艰辛。格米的母亲每天都要去城里打零工，为了让格米上学读书，她的母亲要做上好几份工作，每天回到家中都十分疲惫。后来，格米的母亲积劳成疾，患上了重病，从此卧床不起。小格米只能由亲戚们来照顾，但是亲戚们都嫌弃格米和他的母亲，因为他们生活在贫民区，那是被城里人所看不起的地方。

亲戚们一开始还轮流照顾格米母子俩，可是时间一长，他们感到厌烦了，就让格米自己照顾母亲。母亲躺在病床上，他看在心里，却无能为力，母子俩时常抱头痛哭。正当母子俩陷入绝望的时候，好心的邻居们站了出来，他们把格米接到自己家里住，每天像对自家孩子一样照看他，他们还轮流给格米的妈妈送饭，负责她的医疗费用，这样格米就又有时间回学校上学了，费用也都由邻居们出。

就这样一年年过去了，母亲的病情慢慢好了起来，格米也长大成人参加了工作，当年帮助过格米的邻居们，现在也都老了，和母亲一样，也需要别人的照顾。格米知道做人要讲信誉，要懂得报恩。工作了几年以后，格米的事业有成，成立了自己的公司，虽然平时非常忙，但他常常抽时间回来看望当年帮助过自己的老邻居们。他常对邻居们说的一句话就是："我就是你们的儿子，让你们幸福就是我最大的心愿。"

也许我们的成功并不是人生的归宿，因为在我们站立的地方，有无数好心人的帮助和关怀，正是他们使我们变得成熟和坚强。当我们的臂膀拥抱成功时，万万不可忘记那些曾经给予我们关怀、爱护和帮助的人。

生命之间的互相安慰、鼓励，走过人生最灰暗岁月的搀扶给予了我们精神的感恩、灵魂的触动。人的心灵是要被美好所浸润的，那不但来自于"竹影金琐碎，泉音玉淙垮"的美丽自然，更来自于我们身边，那些真切的温暖与人性的光辉感动。这些珍贵的故事时刻在提醒着我们不要丢失了生命的本真，因为还有许许多多的人鼓励我们快乐丰盛地活下去。

红尘有爱，人间有情，一年又一年的春风吹拂着的大地的每个角落，生命在上演着一幕幕让我们泪流满面的故事。我们有什么理由让庸碌蒙住我们的双眼而无法感受生命的感动呢？

用心去看世界，用心去体验生命的感动吧！那些细微的感动如常青藤向着太阳的触须一样，每一份颤动都是生命信息的传递。为追求感动，为善良感动，为美丽感动……整个世界就会在感动中再度年轻；我们的生命之舟也会满载温情，通往幸福的彼岸。

杨安谈无明

☆ 学会了感恩，才能体会到生活的幸福和快乐。

☆ 与人分享的幸福，价值会成倍增长。

☆ 懂得感恩的人永远不会迷失真我。

偏执是一种人生动力，同样是人生苦恼的牵引机

早几年曾有一本非常畅销的书，名叫《只有偏执狂才能生存》。书中宣扬对自己认准的东西，要顽固坚持到底哪怕偏执，这样才会成功。不可否认，适度的偏执是一种进取的动力，但是过度的偏执只会让人处处碰壁，苦恼不已。

偏执的人，就是我们俗话所说的“一条道跑到黑”的人。一般表现为对自己的过分关心，自我评价过高，常把挫折的原因归咎于他人或推至客观条件。

日常生活中，我们常常可以听到这样的声音：“人要没压力就会变成懒汉”“我的方法是唯一可行的——听我的！照我说的做！”“男人没一个是好东西”“女人只会花钱”“小孩子可麻烦死了”“生意人眼里只有钱”……我们不难看出这些“经验之谈”本身就暴露着无穷无尽的狭隘与偏见。这里的问题还不在于这些见解的内容本身是否正确，而在于如此轻易地下定论时，人们的草率与偏执使他们表现得过于轻浮和不负责任了。这些都是偏执人格的 些表现。

偏执的人常见的特点有：感觉极度敏感，对侮辱和伤害耿耿于怀；思想行为固执死板，敏感多疑，心胸狭隘；嫉妒心强，对别人获得的成就或荣誉感到紧张不安，不是寻衅争吵，就是在背后说风凉话；自命不凡，对自己的能力估计过高，惯于把失败和责任归咎于他人，在工作和学习上往往言过其实；自己的看法、观点受到质疑时，往往会与人争论、诡辩，甚至冲动地攻击他人。

偏执的人又很自卑，他们总是过多、过高地要求别人，却从来不轻易相信别人的动机和愿望，认为别人存心不良。很多时候，性格偏执的人的烦恼都源于对自己和周围要求太多，如果自己的欲望不能得到满足，就会心生烦恼，甚至出现极端行为。

偏执的人在遇到事情时，不能正确、客观地分析，遇到问题，易从个人感情出发去处理，主观性、片面性非常大；在家庭中，常怀疑自己身边二人，并往往为此引发感情危机。偏执的人的心理活动常处于紧张状态，他们常常表现得孤独、无安全感、沮丧、缺乏幽默感。

这类人的思维是单向的、封闭的、经验型的，他们不是和别人较劲，就是和自己较劲，因而使得自己常常处于烦恼的情绪状态之中，将人生引入痛苦与失败。

庄浩是北京某高科技公司的销售总监，两年来，他带领他的手下作出了非常出色的业绩，当然大部分的业绩都是他个人努力的结果。他工作能力虽然强，却不太受领导和下属的欢迎，原因就在于他是个偏执的人，事事爱钻牛角尖，也爱斤斤计较。哪怕是一件无伤大雅的小事，他也会计较。

有一次，他让助理为他处理一个市场调查的报表，由于时间仓促，助理不小心把一个城市的销售数额漏掉了，他发现了后，丝毫不留情面，当着众同事的面对助理大发脾气，旁边的同事凑过来劝他消消气，说让助理重做一遍就可以了，但他还是十分生气，硬是将助理训了一顿，为此，助理只好辞了职。

另外，他还喜欢钻领导的牛角尖，有时候为了一点小小的问题就会与领导争得面红耳赤，令领导十分尴尬。事后他也明白，其实这样做根本没必要，但他还是控制不了自己。当然了，他对工作是极其认真的，几乎没出过什么差错，即便是一件极小的事情，他都会将之处理得十分完美。其实，他也不想在一些小事上浪费时间，花费太多的精力，但是，他一看到哪些事情做得不够完美，或者有缺失，心中就会很烦躁，甚至会生出许多的怒气来。

其实，仔细分析庄浩偏执的思想行为，我们会发现其主要源于他内心对完美的向往。为了做好工作，他根本容不下缺点和缺陷，一发现有不完美的地方，心里就难受，甚至动怒，哪怕是一件极小的、无关轻重的事情。

再者，偏执的人，除了有完美主义情结外，情绪也是十分固执的，认定的事情就认为它是不可动摇的了，对别人缺乏基本的信赖感，只要别人与他的意见不同，就会对之产生敌意和怀疑，常常会因为一些小事和同事闹得很不开心。

在现实生活中，人们所遭遇的苦恼有近一半是出于自己头脑中的想象，而剩下的一半才是要靠智慧和力量去解决的。心理健康的人一般都能懂得调适自己的心理，也能操控自己的行为，消除困难；而偏执的人，往往不能完全操控自己的行为，有时甚至会作出极端的事情来。

有一个大学生，爱上了他的一个女教师。这个女教师虽说只有30来岁，可结婚已经两年了。所以，这个学生对她的爱，应该说无论如何是没有指望的。

可是，这个学生却十分执着于自己的这种所谓的爱情，不顾一切地追求这位女教师，又写情书、又送鲜花，还跑到她家里去，弄得她十分恼怒。后来女老师的丈夫知道了，狠狠教训了他一通。可是，他还是不知回头，依然写情书、送鲜花，痴情不改，执着得像个不怕牺牲的斗士，一直闹到神经错乱，被送进精神病院为止。

偏执对工作和对自己的健康都是十分有害的，我们该如何去应对和改变自身这些偏执的行为呢？

1. 认知提高法

多方面的学习，比较全面地认识偏执的性质、特点、表现、危险性和纠正方法，提高对偏执的认知水平。

2. 矫正自身的思维方式

要走出牛角尖，其实最主要的就是要改变自身不良的思维方式，要增强思维的灵活性，什么事物都不是铁板一块、一成不变的。同时，在思考的时候，还要尽量少用“必须”、“只能”、“唯一”、“一定”这类反映绝对倾向的字眼，以防自己走入死胡同。

3. 换个思路解决问题

人在一味追究原因的时候，往往会失去判断力，解决不了根本问题。如果能换个角度去看问题，也许会收到不一样的效果。要知道，解决同一问题的方法是多种多样的，而且路线也不一定只有一种。有时候换一个角度观察问题，独辟蹊径考虑对策，有些难题就能够得到解决。

4. 拒绝完美，善于取舍

要知道，如果自己要将工作中所有的事情都做到尽善尽美，不仅会影响工作效率，而且还会消耗掉大量的精力，在这样的情况下，就不可能将工作都做完美了，特别是那些重大的事情。要将工作做到真正的完美，就要善于取舍，将那些不必要、不重要的事情放下，这样就可以把主要的精力放在那些重要的事情上。

5. 自省法

通过临睡前写日记来回忆当天的情景，进行自我反省。如检查自己是否对人、对事抱怀疑、敏感态度，办事待人是否固执、以自我为中心，是否还存在由于自己的偏执心理而冒犯别人、做错事情的现象，以后遇到类似情境，应该如何正确处理，等等。这就是自省法。自省法是一种很有效的改变性格偏执的心理训练方法。古今中外，大凡有所成就的人，都有自省的习惯。如孔子“吾日三省吾身”。

6. 学会自我暗示调节法

每天默念一次类似“一个人固执多疑。不利于人际交往。要改掉固执多疑的缺点，要心平气和地表达自己的观点，要积极地去理解、听取他人的意见，不要总认为自己比别人能干，不要高傲自大，不要成天怀疑别人在搞鬼，否则会给自己带来无穷的烦恼……”之类的话。最好能在大脑皮层兴奋度较低的早晨、午休或就寝前默念。

7. 交友训练法

积极主动地进行交友活动，有助于改变偏执性格缺陷。交友和处理人际关系的原则和要领是：真诚相见，以诚交心；尽量主动地给予知心好友各种帮助；注意交友的“心理相容原理”。

8. 敌意纠正训练法

经常提醒自己不要陷入“敌对心理”的旋涡；不断增加对他人、对朋友需求的了解，同时努力降低对别人冒犯的敏感性；要懂得“只有尊重别人，才能得到别人的尊重”的基本道理，学会对那些帮助过你的人说感谢的话；学会向你认识的所有人微笑；充分调动自己的心理调节机制，在生活中做到忍让和耐心。

生活中，不可能事事顺心如意，也不可能一切永不改变。固有的规律和经验，往往不能适用于变化的世界。于是，尽管偏执对人生有驱动力，但行事太偏执，最终只会将苦恼牵引到生活中，害了自己。因此，我们需要对自己的经验保持一定程度的警惕，调节自己的思维方式，改变做事的习惯，克服刻板的态度，灵活地面对人生，我们的天地也会更加的开阔。

杨安谈无明

☆ 偏执会使人走入心灵的迷宫。

☆ 精神的高雅在于思考那些善良和美好的事物。

☆ 偏执会使自己生活在戏剧化的人生当中，陷于不能自拔的深渊。

戒除心中的贪与痴，人若无求心自明

人生的种种不快乐，外在表现为为形所役、为物所牵、为情所囿，其实内在的根源在于我们的心灵。当然这里指的心，不是我们的真“心”（本来清净、一切具足的真我本性），而是六根对六尘而缘成的“妄心”、肉团心。《八大人觉经》云：“世间无常，国土危脆；四大苦空，五阴无我；生灭变异，虚伪无主；心是恶源，形为罪薮。”“心是恶源”，其是之谓也。我们一颗心颠倒妄想，“贪”、“痴”之毒具足，是人生烦恼、心灵无明的总根源。

“贪”是什么？就是我们的欲望永无止息。欲望的红舞鞋一直在跳，想停都停不住。话说，人生在世怎能没有欲望，没有追求？戒贪，并不是要求我辈凡人万念俱灰，而是要思考，我们的所欲所求，是不是我们的生命本身真正需要的？而有时候并不是，为我们的“一念贪心”。套上一双永无休止的红舞鞋，

“痴”是什么？痴是愚昧（不是弱智、愚蠢），是随想入阴，是精神上的走火入魔，是一根筋不知道转弯。

“贪”、“痴”破坏了人的健康，也破坏了周围的环境，使个体脱离系

统、陷入孤立状态，无法获得真实的认知。“贪”、“痴”还使人内心焦虑、伤神伤气、耗费能量，无明重重，结果成为了物质的奴隶，失去了生命的自由。

一位老教授在给学员们讲课时讲到了一个关于内蒙古草原上的鼬鼠的故事。

他对学员们说：“草原上有一种鼬鼠，它们一生储存着够十几只鼬鼠一生食用的粮食，然而，你们知道鼬鼠最后是怎么死的吗?”

“不知道。”

“它们最后都是饿死的!”

“饿死的，这怎么可能呢？它们储存了这么多粮食。为什么还会饿死呢?”学员们感到非常不解。

老教授语重心长地说：“草原上的这种鼬鼠可以说是非常聪明而且勤劳的，它们整天忙忙碌碌，不停地寻找着食物，然后把吃不完的食物储存到洞穴里。据统计，鼬鼠一生最多要储存20多个‘粮仓’，这些粮食足够十几只鼬鼠毕生享用。”

老教授顿了顿，说：“鼬鼠晚年走不动的时候，就会躲进自己的‘粮仓’里，但它们必须经常啃咬硬物磨短两颗门牙，否则就会因门牙无限生长而无法进食。但它们早先在‘粮仓’里并没有储存硬物，结果因没有硬物磨牙致使门牙不断生长，长长的门牙让鼬鼠无法进食，最后饿死在粮堆上。”

“这鼬鼠也太愚蠢了！为什么当初在储存粮食的时候不储存一点石子等硬物呢?”听到这里，学员们不禁感叹道。

老教授接着说：“从储存粮食这一点上可以看出来，鼬鼠是一种很有灵性的动物。贪欲使它只看到粮食，而看不见石子，看不见粮食以外的任何东西，它陷入贪欲的陷阱里，看不见隐患，看不见潜在的危机，看不见明天与未来，它们不是因愚蠢而饿死，而是死在了自己贪婪的欲求上。”

在生活中，许多聪明的人，有时却犯了同鼬鼠一样的错误，被贪与痴的欲望蒙蔽了双眼，迷失了自我，使原本快乐的生活陷入了困扰，原本美好的人生失去了希望。

张真真就是这样的一个女孩。她学的是新闻专业，一直想去广播电台或电视台工作。因为没有工作经验，只凭在学校里学的相关理论，连应聘县级电视台都是一个很高的门槛，经过层层选拔，级级考试，她获得了实习工作的机会。

为了自己热爱的事业，她选择了每月领取微薄的薪水，也要在电视台打拼。刚开始她被分配做那些端茶倒水、清扫的工作，每天收发报纸，整理资料，很少有机会跟班出去采访。

张真真却对这些琐碎的工作乐此不疲。她是一个活泼开朗的女孩，脸上总是洋溢着笑容，她的积极乐观感染了电视台里的不少人，领导和同事也越来越喜欢她。

渐渐地，她在电视台接触的东西多了，学的东西也多了。每天的工作多了起来，她有机会去外面实景拍摄，有时也会试着写新闻稿子。

一次偶然的机会，领导让她去一个地方采写会议新闻。她到了会议现场，见到很多大型媒体的记者、摄像师，实地场景采访让她兴奋不已。

随着工作阅历渐渐丰富，她采访的机会多了，反而不快乐了。因为虚名浮利，她丢失了一颗平常心。为了名声大噪，为了赚取更多的稿费，她打起了小算盘、使起了小伎俩。有时，她收取红包替他人做不实的报道；有时为了吸引受众注意力，她采写虚假的社会新闻，愚弄大众。

她每天身心俱疲、提心吊胆，就像攀珠穆朗玛峰，越往上走，氧气越稀薄，越接近峰顶，也就越接近生命的极限一样。她觉得自己很难，有时陷入无以名状的苦恼。

她的情绪低落到了极点，她忘了自己最初来电视台工作时所怀揣的梦想。不错，工作是第一位的，业绩是第一位的，但不能为了名利而失去自我。

她的身体每况愈下，心情也很糟糕，她很痛苦，总觉得自己看不到幸福生活的希望，说不定哪天就会崩溃不振或者一病不起。

其实，她的疾病来自于心灵，是心中的贪痴使她在欲望的追逐中，污浊了心灵那片原本明净的天空，从而使它阴云密布、雷鸣电闪。

在这个浮躁的时代，这个物欲横流的时代，还有很多人和她一样，被贪痴所缚，不堪其烦，却又难以挣脱；很多人和她一样，被贪痴所缚，心病成疾，却又难以根治。只有无求的人，才能少了贪欲，多了清廉；少了喧闹，多了宁静；少了争斗，多了内省；少了驱名逐利，多了清心寡欲，才能从根本上戒除贪痴的无明，始终保持一种宁静自然的心态，从而活得轻松自在，升华到美好的境界。

科学家认为，无求淡泊，知足常乐的人会健康长寿。因为他们个人欲望不高，容易产生满足感和幸福感，不在世俗中随波逐流，不为争名夺利而苦恼，自然会化解心理危机，防治了心理疾病。而由于精神轻松，机体的生理功能处于最佳状态，免疫力高，抗病力强，病魔也要退避三舍，自然会延年益寿。有一位老寿星，活到 103 岁还耳聪目明、口齿清楚、思维敏捷。有人问他有什么长寿秘诀，他说："无欲、无求、内心清静自然就会长寿。"

无求是一种豁达的处世态度，是一种明悟的思想境界。行至水穷处，坐看云起时，是一种无求；去留无意，看庭前花开花落，宠辱不惊，望天上云卷云舒，也是一种无求；古今多少事，都付笑谈中，同样是一种无求。

无求是一种志向，是一种人生追求。人生百态，迥然异同：或浓墨重彩、大起大落、轰轰烈烈；或耕读田野、清风细雨、夕阳远山。激情燃烧是人生，散淡恬静也是人生。无求可寄情山水之间，也可寓意花鸟虫鱼等动物。同是飘摇细雨，同是明月繁星，有的人能看到，有的人看不到，这是一种心境的不同。无求是一种人生体验，是一种对自然万物的认同，是一种天人合一之后的物我两忘。

无求还是一种气度，一种修养。有了无求，不倨不傲，不阿不妒，不争不贪；有了无求，不卑不亢，不拘小节。平平淡淡胸中自有内敛的韵味，含蓄中自有干天云气。无求有自己的无求方式，只要你自然、洒脱、从容，就是无求。它没有模式，没有特定环境。不一定要梅妻鹤子，也不一定要烟雨桃源，也未必不可放歌长啸、壮怀激烈。

无求是自然从容，它不是刻意的矫揉造作，不是伪装的虚情假意。没有万卷诗书的熏陶，没有万里风尘路后的感悟，模仿的前卫是那么的苍白无力，夸张的时髦是那么的庸俗不堪，飞扬的个性是那么的一文不值。也许只有历尽沧桑的成熟才能做到真正的坦然无求。

然而，无求又不是碌碌无为。身为一个大写的人，一个立足于天地之间的人，自然要拿得起，放得下，有所为有所不为。威武不能屈，贫贱不能移，凄风苦雨后才有彩虹的美丽，清贫艰苦后才有心情的清朗。万念俱灰那不叫无求，无求是一种清灯古卷里与红袖添香同在的洒脱，这是一种人生境界，从一而终的从容，真真实实的存在。

人生无求，并非逃避现实，也非看破红尘，而是在踏踏实实干好本职工作的基础上，多一份思考，多一份清醒，堂堂正正，不搞投机钻营；多一份洒脱，多一份超然，世事我曾抗争，成败不必在我。人生在世，往往不会一帆风顺，荣辱得失寻常事，喜怒哀乐自然情。不必为过去的得失而后悔，也不必为现在的失意而烦恼，更不必为未来的难测而忧愁。只有认识到平淡是真的道理，时刻保持心理平衡，才能逐步过渡到无求的人生境界。

无求，就是放弃了心中的杂念，清空了心灵里积存下来的枯枝败叶。只有这样，才能最大限度地获得生命的自由、独立，才能收获未来的光荣与辉煌。

戒除心中贪与痴，人若无求心自明，当一个人的心智到了可以无求的境界，“得失随缘，心无增减”，就自然可以见到心性的本来面貌，在淡定中气度从容，在优雅中意念愉悦，可以悟出宇宙的真理，于坐看云起之时，于笑看沧桑之间，拥有恬静淡然、幸福无边的自由人生。

杨安谈无明

☆ 贪与痴往往是祸事之源。

☆ 人一旦无求，顿开名缰利锁。

☆ 完美的德行产生于完全无私利的心灵之中。

君子坦荡荡，小人常戚戚

孔子在《论语·述而》上说：“君子坦荡荡，小人长戚戚。”意思是：君子光明磊落，不忧不惧，所以心胸宽广坦荡；小人患得患失，忙于算计，又每每庸人自扰，疑心他人算计自己，所以经常陷于忧惧之中，心绪不宁。

孔子“君子坦荡荡，小人长戚戚”的见解，可谓言简意赅，准确地点明了“坦荡荡”是修身正己的成大事者必备的心理素养和德行准则。

什么是小人呢？王蒙说：“大江大河里有虾鳖，深山老林里有虫蚁，各个角落都会有无事生非的人，挑拨是非的人，随风倒瞎起哄的人，浑水摸鱼的人，投机取巧的人，不可理喻的人，膨胀得哪儿也装不下的人，至少是言过其实终无大用的人，夤缘时会跟在强人屁股后头跑的人，嫉贤妒能小肚鸡肠的人，小有所得便热昏发烧的人……”

稍加观察和回味人生体验，不难发现，“小人”永远是狭隘虚伪、自私自利的，在这种人的脑海里，想的永远是享受，图的永远是私利；他们一切以个人私利为中心，一切以谋得己利为目的，不懂感恩，不愿奉献，伪装付出不过是为了“舍出孩子套得狼”；在他们的心里成天算计他人，会为了少捞着他人的便宜而烦闷，会为了少达到一点贪欲而困扰。

由于小人胸怀都很狭窄，易见异思迁，爱生妒火，所以导致急火攻心，血压增高，思维混乱；由于总看重小利，爱患得患失，所以导致心理不平，烦恼频生，心态失常；由于总求全责备，爱争斗计较，所以导致肝火旺盛，肾气受损，体内微循环错乱，内分泌异常，使原本健康的身体被病魔缠绕。

由于小人爱兜个圈儿，背后使坏，所以，小人不仅空虚终身、苦恼终身，为众人所厌恶，而且一辈子也干不成大事——自立门户吧，顶不起一片天；与人合作吧，尽搞内耗，使绊子。

但是，一个人若是内心十分充实，即在道德、人格、知识、趣味、情感等方面比较完善，有一定素养，达到一定境界，有一个宽广的胸襟，心里容量大，就能有正确的自足感，能够避免无节制地被外界事物刺激和骚扰，视名利、权势、情欲为身外之物。

他们不为私利争高下，不为眼前的利益论短长，视名利淡如水，遇挫折不灰心，逢得意不轻浮，急难处仍从容，有“采菊东篱下，悠然见南山”的心境；有“柳暗花明又一村”的倜傥；有“山临绝顶我为峰”的潇洒；有“雪辱霜欺梅花依旧向阳开”的豪放。即使没有人了解，即使怀才不遇，还是不怨天，不尤人，胸襟永远是光风霁月，像春风吹拂，清爽舒适；像秋月挥洒，皎洁光华。

具有“坦荡荡”的“君子”修养，从古至今，就是所有豪杰志士的基本理想，很多人都愿意将这一理想付诸自己的人生实践。伟大的文学家苏轼就是如此。他不仅在诗、文等多方面代表了整整一个时代文学的最高成就，还是一个关心人民疾苦的官吏。苏轼的一生，正处于北宋政权派系倾轧严重、朝政反复无常的时期，因此他也身不由己地被卷入政治的旋涡，一会儿遭贬，一会儿被擢用，一会儿又被流放。

但无论什么时候，苏轼都能心口如一，坚持讲真话，不随波逐流。变法派当权时，他敢于批评变法之弊端，以致下狱；保守派上台，尽废新法，他又站出来维护新法，完全不顾自己的既得利益。

更难能可贵的是，苏轼处于顺境不流于逸乐，处于逆境也不颓丧，苏轼这种为人草然自立，坦诚率直，心胸豁达，特别是遇到挫折和不幸能保持开朗超旷的态度，无疑是“君子坦荡荡”的表现，所以在以后数百年中受到人们的普遍崇敬和仿效。

当个人为人处世能达到这种“坦荡荡”的境界，具备这种豁达胸怀，为人处世能心平气和，沉着冷静时，就能严于律已，宽以待人。这样的人不以诋毁他人来使自己得到好处，不以危害别人来树立自己的威望。即使遇到不称己意的事，也“不迁怒，不贰过”，正如苏轼所说的“天下有大勇者，猝然临之而不惊，无故加之而不怒”。这样的人怎会与人发生争端？怎会做伤害他人的事呢？“神静而心和，心和而形全，恬静养神则自安于内，清虚栖心则不诱于外，神静心清则形无所累矣”，由此可知，这样的人会多福多乐，会使精神世界产生一种满足感、愉悦感。俗话说的“心地无私天地宽”就是这个道理。

唐朝有一位禅僧名叫净空。某天，天下着雨，他和另一个和尚因事外出，途中见到一位漂亮的姑娘手足无措地站在一段泥泞路前发呆，原来她因怕弄脏身穿的丽服而无法跨过这段泥泞路。净空见状，征得了她的同意，就将她抱过了那段泥泞路，然后继续上路。一路上，与净空同行的和尚半天都不说话，脸上总挂着困惑不解的表情，到夜晚投宿时，他终于按捺不住地问净空：“依照戒律，我们出家人不能近女色，否则，将会危及我们的修行。我不明白，你白天为什么要那样做？”

净空答道：“哦，那个女子吗？我早就把她放下了，你还抱着吗？”

在这简单的故事与回答中，表明净空对于助人济人的事情，采取了一种十分随缘自然的应对策略，他甚至不因成文的戒律而抱避嫌、旁而远之的态度；事过境迁之后，他既没有因自己的济人助人而沾沾自喜，也没有

因想到什么戒律而心颤心悸，他依然是一个没有心理负担、磊磊落落的自由自在人。因为他具有一种“坦荡荡”的胸襟，所以能以一种行云流水般的意念来持身涉世。

苏轼与高僧，为什么会有如此“坦荡荡”之胸怀？

明末文人洪应明在他的《菜根谭》中对这种持身处世的行云流水般的意念，有一些很著名的经典形容：似用彩笔在虚空中描画，笔有色，而虚空却不受笔染；似用利刃切割水，刀刃不受损，水也不留什么痕迹；似疾风吹过了稀疏的竹林，风过后，不曾在竹林里留下一丝声息；似飞雁飞跃寒潭。飞过后，潭水中也就不再留有雁影：似一片孤云飘出山岩，自然而然，不被或去或留的犹豫所束缚……

有了这种行云流水般的意念，君子就能保持着一种空灵的心境，不为不可弥补的过去而懊丧，也不为不可捉摸的未来而忧虑，避免了精神上的自我折磨，也避免了心智上的浪费，这样，遇事就易作出正确的应对，事毕，心境又回复到了空灵的状态，即所谓“事来而心始现，事去而心随空。”这样，待人处事就能像落花随流水般地飘然悠然而去，幸福快乐也就在其中了。所有想要对社会多作些贡献者和治国者，有了与此类似的这般云水雅趣，就会自得其乐，不会因得失荣辱而耿耿于怀。

反之，那种胸怀狭小，斤斤计较于蝇头小利的小人，一切围绕“我”而行，一旦遇到别人触犯自己利益的事，就暴跳如雷，“躁心浮气浅衷”油然而生。“凡人一为盛满气所中，临大事，行以简易；处小事，视犹弁髦。遗不经心之罅，结不留意之仇”。“士君子要养心气，心气一衰，天下万事分毫做不得”就是这个原因。“浮者，忠信之反，事皆无实，为恶则易，为善则难。浮之流弊，必轻必薄。”这样的人，一方面容易得罪人，惹祸端，自己容易陷于末路；另一方面，由一时之怒，容易作出伤人伤己的事。社会上因心理不平衡而伤人或自杀的人，多是这种人。祸患常常产生于细小的疏忽及心性的疏于修养，因此，我们平时应该防微杜渐，注重修身正己的德行修养。

那么，如何才能做到“坦荡荡”呢？孔子给出的答案是“不忧不惧”

“内省不疚”，（《论语·颜渊》）就像老百姓说的“不做亏心事，不怕鬼敲门”。你一个人深更半夜的时候，扪心自问有没有做了什么对不起别人的事，有没有昧着良心说瞎话，干没干过损人利己的损事，如此等等，问了一圈下来，如果没有做过任何亏心事，那么又有什么可忧惧的呢？相反，“常戚戚”的小人则不得不为自己的所作所为担惊受怕、忧虑不已。

再者，一个人要能以“坦荡荡”的心胸来对待外在的势利、名声，其精神世界、道德情操就必须要做到为了道德，为了自己终身的信仰，为了人格的建立，心存坦坦正气，放弃自己所有的私欲私利，一心为公，为了大局和长远利益甘愿舍弃局部和眼前利益。“坦荡荡”的君子，不是消极避世，不是没有追求，而是以出世之心行入世之事，而是只求百世功、千秋名、万代利的弃小我、成大我之德行之境。一位很有成就的学者，在回顾其生活道路的时候曾说：“只有一生都在向着更高目标追求的人，才不会为世间的琐事所羁绊。”此语道出了修养问题的实质，时时事事着眼于大处的强烈事业心和时代责任感会使你变得心胸开阔，信念坚定，不畏惧困难和挫折，始终充满乐观情绪；相反，没有或失去了远大的志向、高雅的情趣，混沌度日，自无心胸坦荡可言。

“君子坦荡荡，小人常戚戚。”胸怀开阔，气度广大，是一种远见卓识，是一种高尚情操和道德修养，是一种智慧、气度、风范的综合和修养达到较深层次的体现，是人们立世为人的一大美德，也是成就大业的必要条件。当我们具备了这样的德行修养，无论起点如何，也不管背景、学历、职业等各方面条件如何，我们都能达到实现人生的价值，获得生活的幸福、心灵的安宁和内心的丰美的目的。

杨安谈无明

☆ 无明是自私自利，是立已之障，是大成之碍。

☆ 正大光明是长寿之本，满怀善良是快乐之源

☆ 光明磊落的人，正气长存，清气长浩，福气长生。

用智慧规划人生，不如用心智体会人生

有两棵大小相同的树苗，同时被主人种下，也被一视同仁地细心照料着，不过，这两棵树的起跑点虽然相同，后续的成长状况却大不相同。

第一棵树拼命地吸收养分，一点一滴储备下来，仔细地滋润每一根枝干，慢慢地累积能量，默默地盘算如何让自己扎扎实实、健康茁壮地成长。

另一棵树也一样非常努力地吸收营养，不过它追求的目标与第一棵不同，它将养分全部聚集起来，并使劲地将这些养分推至树端，一心想着如何让开花结果的时间提早来到。

第二年，第一棵树开始吐出了嫩芽，也十分积极地让自己的主干长得又高又壮；而另一棵树也长出了嫩叶，不过它却迫不及待地挤出了花蕾，似乎随时都可以开花结果。

这个景象让农夫非常吃惊，因为第二棵树的成长状况非常惊人。只是，当果实结成时，由于这棵树尚未长成，却提早承担了开花结果的责任，因此一时间吃不消，把自己折腾得累弯了腰，至于所结的果实更是因为没有充分吸收养分，比一般正常的果实要酸涩。

再加上它的体型矮小，许多孩子都喜欢攀上树端嬉戏玩乐，并且拿那些还未成熟的果实游戏，时日一久，这棵树在身心受创的情况下，逐渐失去了生长的活力。

第一棵树的情况却完全相反，原本不被看好的它，反而越来越茁壮，在经年累月的耐心等待之后，终于花蕾绽放。

由于养分充足、根基稳固，不久结成的果子也比其他的树的果子更大更甜，而那急于开花结果的第二棵树却日渐枯萎。

生活中，很多人就像第二棵树一般，因为种种欲望、种种目标而努力地去用智慧规划人生之树，为此，他们顾不上人生路上阳光的温馨，顾不上雨露的润泽，顾不上亲人对爱的渴求，顾不上朋友对义的需求……他们就这样遗落了人生珍贵的点点滴滴，只为能够快速地开花结果，看到成绩。

而另一些人就像第一棵树一样，他们一路走，一路成长，用心智去体会人生的云淡风轻、花开花谢、草长莺飞，他们用心智去细心呵护亲友的关爱，用心智去涵养生命的品质和心灵的素养，用心智去脚踏实地的建筑理想大厦的每一块砖瓦……他们就这样在过程的精彩中，在绚丽的风景里，充实而快乐地收获了人生的灿烂花朵和丰沛果实。

为何起点相同，结果相差如此之大？其根源在于，前者是用智慧去规划，后者是用心智去体会。

所谓智慧是人所具有的基于神经器官上一种高级的综合能力，包含有：感知、知识、记忆、理解、联想、计算、分析等多种能力。而心智是人们的心理与智能的综合表现，是人们天生固有的，非后天的学习。心智来自于真我的心性。智慧产生于由后天的认知而产生的自我意识。

在这样的基础上，智慧对人生的规划，往往是具有明确值的现实功利目标；比如说一定要赚到多少数值的钱，一定要买套多大的房，一定要做到怎样的官位，等等。

而心智对人生的体会，却是并没有明确值的现实功利目标；心智是在高尚的心性中，融大局观于胸，着细节处于手，遵循真我的指引，朝着远大志向的成长与感悟。

智慧的规划看重的是外在的、可量化的欲望的满足；心智的体会看重的是本质的、不与物质成正比的、深远的人生价值的实现。智慧的规划往往是急功近利、急于求成的；心智的体会则是一步一个脚印、厚重踏实的。

在现代都市生活中，读书、看报、看电视、上网，人们通过一切形式拼命汲取形形色色的各类信息，串场于各类觥筹交错的饭局，周旋于高谈阔论的聚会。日程被排得满满当当，身心却越来越郁郁寡欢。

假如生活是一趟单程列车，那么中途必然需要休整，就像是这趟列车长途跋涉时要路过一个个小小的车站，我们需要在那里加水、加煤、检修。一味地追求智慧的欲求，往往使精神时刻处于紧绷的状态下，无暇享受片刻美好的生活。因此，我们若要享受人生的旅行，拥有美好生活和未来，与其用智慧去规划，不如用心智去体会。

一个从事房地产的年轻人，经过几年的打拼，在当地已小有名气。他每天的生活就像上足了劲的发条一样，被传真、资料、合同以及各种方案充塞得满满的。

一天，他仍然如往常一样，到很晚才从公司出来，走了很远的路也没叫到出租车。他慢慢地走在这条每月来往几十遍的路上，这时他不经意的一抬头，才惊讶地发现，星星在丝绒般的夜幕中闪烁，洋溢着一种无言的美丽，一如他大学毕业前的最后一晚，几个要好的同学躺在学校的草坪上看到的那样。那一晚，他们被血脉中扩张的青春激动着，广袤的星空与未来的前途一片光明。从那以后，他几乎再没有时间去注视过夜晚的星空了：从他步入社会以后就一直保持着在各种规划后向前奔跑的姿态。目标仿佛总在前方，工作也总显得太忙，而他奔跑的速度也是那样的快……

今天，当自己站在这寂静的星空下，他突然想起在大学看过的一位美国餐饮巨头总结的成功之道：在其连锁店中能提供给顾客的，永远是17厘米厚的麦包与4℃的饮料。据相关研究人员发现，这是令客人感觉最佳的口感。当然，那位餐饮巨头也可以选择把麦包做成20厘米厚，把饮料加热到10℃，但那并不是它们的最佳口感。

于是他知道，对于幸福，其实也只要17厘米和4℃就够了。快乐是一路上持续发生的，就如深夜寂静而美丽的星空所带给人的震撼，而非那个令人疲惫的终极雪球。

从那天夜里开始，他决定不再去追求“过快的速度”或“过高的温度”。扔掉那些对他来说不切实际的规划，聆听自己内心的声音。他相信，那种最本初最简单的快乐终究会被找回来的。

用心智去体会人生，并不是提倡慵懒或拖拉，而是要在快节奏的欲望追逐中设置减速器和转换器，使人在心灵中发现真我的呼唤，获得可贵的平衡，找到适合每一个人自身的节奏。用心智去体会人生，就是让自己驻足在一个没有过去、没有将来，只有现在的地方。当我们停止为了智慧的索求疲于奔命的时候，就会发现生活中原来还有那么多未被发掘出来的美。

曾经有一名作家在成名前穷困潦倒，他每天都作出种种写作规划，但是由于心中一直有着怀才不遇的郁闷之气，他常常觉得才思枯竭。于是，他寄居在一个大杂院里，打算在此寻找到一些创作的感觉。

然而，每当他在傍晚的时候听到隔壁澡堂中传来的洗澡声和小孩子的喧闹声，他就会感觉心情非常烦躁和无奈，他感觉自己本该平静的心被他们打扰了；有时甚至不知道哪里传来的一阵阵美食的味道，更会让他感到非常不安，因为那些美味引诱得他饥肠辘辘，而他又囊中羞涩，根本无法改变生活的饮食。他在这里住着总是感觉心中浮躁不安，甚至看到任何事都会感觉是在和自己作对。

有一天他又感觉到心情浮躁，在烦闷之余他打开了自己的窗子，忽然他看到隔壁简朴的小阳台上种着几十盆小花，绿意盎然地并排在阳光明媚的阳台上，为枯燥的环境带来了一丝生机和活力。这时他又看到一位衣着整齐的老人正在阳台的花盆旁浇花，动作轻柔，面带笑容，仿佛老人看到的是自己的宝贝。此后的每天傍晚，这位愤世嫉俗怀才不遇的作家都能看到老人在平静地浇花。某天他又在发呆地看着那些花草，浇花的老人浇完花停下来看到他笑着说道：“从这里能够看到美丽的花朵，还能够凭栏远眺，很不错吧！”

就在年轻人打算搭讪的时候，邻家进来了一大堆欢快的孩子，老人很快就转过身子，看来是亲切得招呼那些孩子去了。突然之间，年轻人仿佛领悟到了，没有成功，不是因为环境，也不是因为他人，主要是自己的原因。自己每天去规划未来的美好，却从来没有去用心体会现在的美好。没有用心去面对所有遇到的事情和人，只是怨声载道去埋怨，怨天怨地地郁闷。所以，不仅不会让成功更加接近，而且只会让自己更加忧郁。

这时年轻人才发觉，孩子的嬉闹声不再让他感觉到烦躁，邻居的嘈杂和热闹的音乐也不再引起他的愤怒，甚至那些让人饥肠辘辘的油烟味道，也开始变得如熟悉的饭菜般好闻。很快他便将自己的心态调整过来了，甚至因为用心去体会，让他感觉到了身边无时无刻不存在感悟。从这之后他的创作变得简单轻松起来，没过多久，他的大作就红遍了整个城市。

生活不是只有对智慧规划的追赶和打拼。试着用心智去体会人生中触手可及的幸福和快乐吧。如果我们不用心智体会的话，我们只能沦为生活的奴隶，而不是生活的主人。

智慧的规划使人们为达到一个目标而做好所有的准备，牺牲时间，付出心血，想尽办法到达终点。于是，只顾盯紧未来的美好景色而忽略了脚下一路的坚实、身旁一路的风景。而选择用心智体会人生，却是以物质为工具，高于物质规划的一种发现真我、超越自我的人生大境界。

现实生活中，智慧的规划与索求往往让人在明确的追寻中困惑于真我心性的迷失，我们需要反省自我生命的价值，学会用心智体会人生。用心智体会人生是一种健康的心态，是一种积极的奋斗，是对人生的高度自信，是在以数字和速度为衡量指标的今天，仍然保有快乐生活的聪颖。

从今天起，我们要做个懂得生活的人，做珍爱人生的人。与其用智慧规划，不如用心智去体会清新的空气、淡淡的花香、温暖的双手、贴心的安慰、诚挚的祝福，体会一点一滴的生活的美。如此，我们才能在平凡中体会到人生的真谛，体会到生命的香醇；如此，微笑就会时常挂在嘴角，幸福的甜蜜也会永驻心间！

杨安谈无明

☆ 幸福就是至善。

☆ 幸福属于懂得珍惜当下的人们。

☆ 心智体会人生美，高境可出世间盲。

无始无明，心若止水富乐存

大自然中，作为生命之源的水，有时浩浩荡荡，有时潺潺涓涓，有时涟涟细波，有时盈盈微澜……关于水，历史上不知留下了多少咏叹与吟唱。“上善若水”、“智者乐水”的名言流传了千百年，启发着人们：“无始无明，心若止水富乐存。”

所谓无始无明，指的是无明的罪业蒙蔽障碍了我们开启全面心智的觉悟，至今已无法计算其时日。要破除无始无明，我们就应当如水之静，如水之淡，如水之柔，如水之韧，待我们修炼心若止水时，无穷的、可管理好一切的精神财富以及人生的快乐就会永远存于心中。

《庄子·内篇·德充符第五》上说：“人莫鉴于流水，而鉴于止水，唯止能止众止。”意思是，人在流动的水中不能看清自己的神态样貌，只有在静止的水中才可清楚完全地看到。唯有静止的东西才能看清静止的万物。《庄子》中的这几句话概括来说就是做人要“心如止水”。

南怀瑾在谈到《庄子》中的这句“人莫鉴于流水，而鉴于止水，唯止能止众止”时认为：“人的心理状况永远像一股流水一样，自己的心波识浪不能停止，永远不能悟道，永远不能得道。要认识自己，必须要把心中的杂念、妄想静止，才可以明心见性。”他还说，一个人只有真正达到了

止的境界、定的境界，才能够真正停止一切的动相。人们要想得定，就要心如止水般澄清，否则便失去了智慧，无法悟道，更无法了脱生死。

以一块石头去投入一潭深水，正像以一件外物去投击那原本平静的心。丢的大石头激起的一定是大波纹，以至于一时难以平静；小石头扔下去也有涟漪泛漾，然而水会很快恢复原样。如果不丢呢？免去一切外界干扰的水会是什么样子？我们知道它是平静的、清澈的，是更能映现外物的。

宁静的心就像宁静的水一样，然而我们却难以享受它的宁静。因为我们的心常常受到来自经验的投射或自设障碍的投影，于是那被外物激起的层层叠叠的水纹如同一面镜子，它让投射下来的外物在它的映照下变形、扭曲，残缺不全，支离破碎。

我们就是被这种种浮动不变的假相，被这种种的断断续续非整体、非统一的映像所欺骗和愚弄。

停止了对心的投击，也就止息了心的波动。这就是要让心停止对外物的追求，让现在已经被激荡的波纹扩散——扩散最后消失于水面。划过痕迹的水会留下纹路吗？不会的。同理，达到宁静的心也不会再找以前的伤痕。

心如止水是一种境界，一种心态，一面镜子，一把标尺。心如止水的人会淡泊名利，保持本色，不贪不争，“以谨慎之心对待权力，以淡泊之心对待名利，以警惕之心对待诱惑。”在“名”“利”面前避让三分，踏踏实实、认认真真地工作、学习和生活。既追求职业进步，也懂得知足常乐，始终保持清正廉洁、公道正派的本色，弘扬清风，树立正气，慎独、慎微、慎言、慎行，不为名利所累，不为物欲所惑，不为人情所扰，兢兢业业，踏踏实实，不取意外之财，不贪途中风景，一步一个脚印，一点一点地接近成功。

心如止水，能让置身于纷扰中的你在心中开辟一方净土；心如止水，宛如一面明镜，折射出人间万象，令你保持清醒。摆脱功名利禄的羁绊和困扰，不为外物所羁绊，不为浮云遮双眼，不必强求，从而获得一种超然物外的自在与宁静。

明代道士王一清在其《道德经释辞》中说："圣人之无为，乃是指其心如明镜止水，物至则照，物去则空，事物之来，一切循乎自然，顺其理而应之，以辅万物之自然，虽有为犹无为，故曰无为而无不为也。"道家历来提倡"无为而治"，就是劝诫世人心中无欲无求，存留一份宁静，达到心如明镜止水，纵使狂风骇浪，依然平静以对的道德境界。

苏东坡在瓜州任职的时候，住的地方距离著名的金山寺只有一江之隔。金山寺住持佛印禅师是位著名的得道高僧。苏东坡经常过江与禅师谈禅论道，两人交往十分密切，交情也日渐深厚，相互视为同道知己。

苏东坡才高气傲，自以为参禅有得，他撰诗一首："稽首天中天，毫光照大千。八风吹不动，端坐紫金莲。"诗中的八风是指人生中的毁誉讥讽等八种情景。他得意地派书童过江送给佛印禅师。

佛印禅师接过诗作看了以后，表情冷漠，没有说话，信手在诗作后面写了两个字让书童带回去。

书童回来以后马上把诗作交给苏东坡。不料，苏东坡看过以后十分气愤，他满以为禅师会有很高的评价的。没有想到禅师在诗作下面批的是侮辱性的"放屁"二字。

苏东坡乃当世大才巨子，哪里受到过这样的轻慢和羞辱？况且两人是相知甚深的至交同道。苏东坡带着一腔怒火，立刻乘船过江，那佛印禅师正微笑着站在会山寺门口相迎。没有了两人往日见面的寒暄与客套。苏东坡上前就质问禅师："为什么羞辱我？"

禅师依然微笑着，看着怒火中烧的苏东坡。苏东坡越发怒不可遏。

良久以后，佛印禅师对苏东坡说："你不是说八风吹不动吗？怎么一屁就过江了呢？"

听了佛印禅师的话，苏东坡顿时如醍醐灌顶，羞愧得无地自容。

是啊，自己不是感觉已经能够心如止水了吗，怎么连禅师一个小小的测试都经不住呢？

作为一代禅学大师的苏东坡，尚不能抵御一句讥讽之语，何况我们这些芸芸众生呢？在私利面前，在诋毁面前，在荣誉面前，在苦乐面前，在富贵和贫穷面前，我们还能够做到保持自己的本来面目吗？我们还能够心如止水冷静如一吗？

几乎所有那些失败的决策和盲目的决断，都是因为很容易为外物所左右，以致丧失了应有的宁静，无法顺应外物的变化。

小镇上有个瓜摊，卖瓜的王老汉技艺出色；任何一个瓜，只要在他手里掂一掂，就能一口报出瓜的重量，并且丝毫不差。

一天，附近寺院的方丈带着小和尚前来买瓜。面对他们挑拣出的几个香瓜，王老汉眯着眼睛说："一共二斤六两。"小和尚不相信，用秤一称，果真一两不差。

接下来，方丈又挑了一个香瓜。他告诉王老汉，若是王老汉再能估准那个香瓜，他便将随身带着的一锭银子送给王老汉。那锭银子，足有二两重。

王老汉爽快地答应了。他小心翼翼地托起瓜，掂了掂后沉思不语。过了好一会儿，在旁人一再催促下，王老汉才咬着牙说是一斤三两。用秤一称，那个瓜分明是一斤五两。

一锭银子，彻底扰乱了王老汉的心神，从而使他难以发挥出自己真正的水平。

这个故事在我们读来仅仅是一笑置之的故事吗？在我们身上是否也出现过这样的情况：越是急于得到的东西，越是难以得到，反而在我们把它忘记的时候，竟然不经意的到手了。也许我们会感慨天意弄人，但是这何尝不是我们心态没有摆放端正的缘故呢？

一个人越是看重身外之物，也就越容易使自己陷入更深的无始无明。

心如止水，是一种内心情怀的简约化。唯有心如止水才能让我们真正看清这个繁华的世界。原本我们的眼睛有两种功能：一种是往外看，无限地扩展外面的世界；另一种是往内看，无限深刻地发现内心。我们的眼睛总是看外界太多，看心灵太少，这都是因为我们无法平息心中的波澜，做到心如止水。

心如止水是一种生活状态，王老汉因为外物的骚扰而扰乱了内心的平静，所以发挥失常。我们也常常会因为外物的骚扰而滋生出许多的消极情绪，愤怒就是其中的一种。只要做到心如止水、凡事淡定，就不会因为外物的骚扰而滋生烦恼。

生活中，很多时候都不能心如止水地面对生活。在单位，看到同事的升迁，有人忌妒、眼红、不服气，甚至煞费心机地“使绊子”、散播谣言；朋友之间，小肚鸡肠、斤斤计较、猜疑重重，甚至为了一时的名利得失不择手段，到头来被折磨得茶不思饭不想，夜夜失眠，以致身心疲惫，焦头烂额。中国人常说“心如枯井，洞若观火”；还有“逢大事必有静气”，就是说一个人不论遇到多么大的事情，都应该让自己保持冷静，心如止水，倘如达到了这种境界，就真的是宠辱不惊，气定神闲，来去自由了。

伟大的科学家爱因斯坦毕生勤奋好学，潜心于科学研究，其狭义相对论、光电效应定律等享誉世界，并曾获得诺贝尔物理学奖。面对各种荣誉和优厚待遇，他从不动心，表示：“不要努力成为一个成功者，要努力成为一个有价值的人。”他曾婉言谢绝就任以色列总统：“我一生都在同客观物质打交道，本人不适合如此高官重任。”

有一次，有家电台以每分钟1000美元的高酬请他演讲，不料被他拒之门外。但他又同意将发表的《论动体的电动力学》论文重抄一遍拍卖，将所得650万美元全部捐献支援反法西斯战争。

爱因斯坦的晚年，仍在求知治学的道路上跋涉，即使面对死神的威胁，也淡然而言：“只有个体生命的结束，才能保证物种生命的延续，大自然安排得多么巧妙、多么合理。”并立下遗嘱：不发讣告、

不举行葬礼、不建坟墓、不立纪念碑。

可以说，爱因斯坦之所以能有如此高的心智，之所以能创造出如此伟大的智慧，之所以能流芳千古，最重要的原因就是因为他有心如止水的高尚品德与坦荡胸怀，这使他自然而然地破除了蒙蔽心灵的无始无明。

心如止水，是一种在喧嚣声中静下心来拼搏进取的人生哲学。心如止水蕴藏着无穷的力量，可以使压力转变为动力，可以化繁为简，把一片乱如麻的事情处理得井井有条。心如止水更能使人冷静观察、稳住阵脚，以沉着的心境应对急剧变化的水流和风向，能够从容面对人生的各种际遇。

心如止水，是一块高远的天空，是一片心灵的净土，是一种人格的净化，是一种傲然挺立的精神。人生最美妙的时光，是不为名利所累，不为繁华所诱，独守一片天空，独享一角清幽，独处一隅孤寂，从从容容地“行到水穷处，坐看云起时”。唯有心如止水，才能淡功名、轻利禄，才能从容淡定，才能超然物外，才能活得洒脱。

当你以心如止水的境界去诠释志向的高远时，用心如止水的意念去解读生活的经书时，你便能破除蒙蔽障碍你开发出全面心智的无始无明，从容地搏击万里长空，唱响生命华章，享受面朝大海、春暖花开的生命自由，实现人生最美好的理想与价值。

杨安谈无明

☆ 欲除烦恼先忘我，历尽艰难得大成。

☆ 心如止水是非凡的情操和境界，得意时不忘形，失意时不忘志。

☆ 心如止水，方能气爽、神清、明志、致远、超然、幸福。